DAS GROSSE BUCH DER
LKW-TECHNIK

Joachim Hack (Hrsg.)

Motor
buch
Verlag

Einbandgestaltung: Luis dos Santos

Bildnachweis:
BPW Bergische Achsen KG; Büssing; Daimler Truck AG; Deutz; Eberspächer; Henschel; IVECO; Knorr Bremse AG; Krupp; MAN Truck & Bus SE; Michelin; Peterbilt Motors Company; Renault Trucks; Robert Bosch GmbH; Scania CV AB; Scania CV AB/Dan Boman 2020; Tata Motors; Voith AG; Volvo Trucks; ZF

AlfvanBeem (CC0), via Wikimedia Commons; Andre Gustavo Stumpf Filho from Brasil (CC BY 2.0); Archiv Hoepke; Beademung (eigene Aufnahme) (CC BY-SA 3.0 oder GFDL), via Wikimedia Commons; Frédéric MICHEL / CC BY 3.0; GT1976 (CC BY-SA 4.0); Marketinggreenchem (eigenes Werk) (CC BY-SA 4.0), via Wikimedia Commons; Naocchi (CC BY-SA 3.0); Tennen-Gas (eigenes Werk) (GFDL, CC-BY-SA-3.0 oder CC BY-SA 2.5-2.0-1.0), via Wikimedia Commons; Thomas Schoch (CC BY-SA 3.0), via Wikimedia Commons; Uralaz (CC BY-SA 3.0), via Wikimedia Commons

Für dieses Buch fanden Beiträge und Bilder Verwendung aus dem Werk »Das Große Buch der Lkw-Technik« von Erich Hoepke, erschienen 2010 im Motorbuch Verlag (ISBN 978-3613-03209-5).

ISBN 978-3-613-04412-8

1. Auflage 2022

Sie finden uns im Internet unter www.motorbuch-verlag.de

Innengestaltung: Sina Bladek, Lukas Kretzschmar, tebitron gmbh, Gerlingen
Druck und Bindung: Graspo CZ, 76302 Zlin
Printed in Czech Republic

Inhalt

Vorwort zur Neuauflage

Was macht den Lastkraftwagen als hochtechnisches Produkt im eigentlichen Wortsinn zum Nutzfahrzeug? Er soll allen im täglichen Leben Nutzen bringen – was voraussetzt, dass er mit hoher Zuverlässigkeit, hoher Wirtschaftlichkeit und insbesondere hoher Umweltfreundlichkeit betrieben wird. Werden alle diese Voraussetzungen erfüllt, nutzt er dem Betreiber, dem Hersteller und der Volkswirtschaft im Allgemeinen. Durch ihre Flexibilität in der Fläche sind Lastkraftwagen und Lastzug unentbehrlich und stellen das Bindeglied zwischen allen Verkehrsträgern des Güterverkehrs dar. Allerdings verursacht die rasant zunehmende Dichte der Transporte auf Autobahnen und Landstraßen nicht nur wachsende Verkehrsprobleme, sondern sie rückt das in der Güterlogistik eingesetzte Nutzfahrzeug auch zunehmend in den Fokus der Klimadiskussion.

Obwohl sich die Rahmenbedingungen für den Betrieb eines Lkw oder Lastzugs weitestgehend von jenen unterscheiden, die für den Pkw-Bereich gelten, muss dabei auch die hier traditionell eingesetzte Antriebstechnologie – trotz der in den letzten fünfzehn bis zwanzig Jahren erzielten großen Fortschritte in puncto Schadstoffreduzierung – in ihren Zukunftsperspektiven hinterfragt werden, und zwar vor dem Hintergrund wachsenden Zeitdrucks und rigider werdender Regularien. Welche Richtung, oder präziser gesagt: welche Richtungen die künftige Entwicklung angesichts der vielfältigen Formen und Einsatzprofile von Nutzfahrzeugen einschlagen wird, bleibt letztlich abzuwarten. Vermutet werden kann derzeit nur, dass Art und Zuschnitt jener Antriebsformen, die in Nutzfahrzeugen zukünftig eingesetzt werden dürften, eigenständiger und vielfältiger sein werden als bisher. Besondere Berücksichtigung müssen dabei zweifellos die wirtschaftlichen Rahmenbedingungen in der Transportbranche finden. Entscheidende Parameter der Entwicklung bilden hier auch die globale politische Situation und – damit in unmittelbarer Beziehung stehend – die weiteren Tendenzen in der Weltwirtschaft.

Das vorliegende Buch stellt auch in seiner Neuauflage nicht den Anspruch, ein Lehrbuch oder eine Typenkunde zu sein. Sein Schwerpunkt liegt vielmehr auf einer allgemein verständlichen Darstellung der in Nutzfahrzeugen derzeit eingesetzten Technologien. Darüber hinaus macht es wichtige Zusammenhänge deutlich und erläutert auch die aktuellen Zukunftstrends – denn eines ist inzwischen unstrittig: Nie zuvor waren tiefgreifendere Veränderungen im gesamten Umfeld des Kraftfahrzeugwesens im Gang als heute.

Die Autoren

Einleitung

Transport und Logistik sind die Stützen einer prosperierenden Weltwirtschaft und zugleich Schrittmacher der Globalisierung von Produktion und Wirtschaft. Das Nutzfahrzeug, selbst ein Produkt intensiver weltweiter Forschung, Entwicklung und Produktion, trägt und prägt den Globalisierungsprozess mit. Als Nutzfahrzeug im städtischen und regionalen Verteilerverkehr sowie im nationalen oder internationalen Fernverkehr ist der Lkw nicht zu ersetzen. Ihm fällt mehr denn je eine Aufgabe zu, die auch in vorhersehbarer Zukunft nur mit hochwertigen Transportfahrzeugen zu erfüllen sein wird: Der Lastkraftwagen oder Lastzug soll und muss eine Nutzlast mit möglichst geringem Aufwand und Schaden für die Umwelt von Haus zu Haus transportieren und ebenso als Bindeglied im kombinierten Verkehr Straße/Schiene und Straße/Luftweg fungieren.

Um diesen anspruchsvollen Einsatzprofilen gerecht zu werden, bieten die Hersteller Transporter, Lastkraftwagen, Zugmaschinen, Auflieger (Trailer), Anhänger und branchengerechte Aufbauten in großer Vielfalt an, wobei das Fahrgestell eines Lastkraftwagens in erheblichem Maß durch seinen Aufbau spezialisiert wird. Die von den Aufbauherstellern angebotenen branchenspezifischen Lösungen werden jedem Zweck gerecht und sind insbesondere für Verteilerfahrzeuge interessant. Spezielle Fahrgestelle dagegen werden für die Aufnahme von Containern und Wechselaufbauten in den gängigen Größen ausgeführt.

Die wesentlichsten Transportaufgaben, die durch die dazu geeigneten Fahrzeuge bewältigt werden müssen, können in verschiedene Kategorien eingeteilt werden:

- Leichter urbaner und regionaler Verteilerverkehr mit Transportern
- Schwerer Verteilerverkehr mit Solo-Lkw und leichten Sattelzügen
- Nationaler Fernverkehr mit Lastzügen mit mittlerer Motorleistung
- Internationaler Fernverkehr mit 40-t-Sattelzügen mit hoher Motorleistung und Fahrerhäusern mit hohem Komfort und umfassenden Kommunikationsmöglichkeiten; Gliederzüge spielen hier eine untergeordnete Rolle
- Kombinierter Verkehr mit Eisenbahnwaggons als »Rollende Landstraße« (RoLa) für komplette Lastzüge oder durch Umsetzen der Ladungsträger auf spezielle Waggons

- Baustellenfahrzeuge mit Kippaufbau oder auch Betonmischaufbauten mit zwei bis fünf Achsen als Solofahrzeuge oder Lkw mit Tandemachsanhänger für erschwerten Betrieb mit Antrieb auf mehrere Achsen

Die Logistikkette umfasst außer dem Lkw und Lastzug natürlich auch Schienenfahrzeuge, Schiffe und Flugzeuge. In der Flächenbedienung allerdings ist der Lkw bis auf Weiteres unschlagbar, ebenso im Haus-zu-Haus-Transport im nationalen und internationalen Bereich.
Binnenschiffe eignen sich dagegen insbesondere für den Transport von Schüttgut, auch von großräumigen Schwerlasten, und dienen dem sogenannten »Roll-on-Roll-off«-Verkehr. Zwar ist die Transportgeschwindigkeit relativ gering, aber dank niedrigem Energieverbrauch und geringen Transportkosten kostengünstig. Darüber hinaus wird eine Entlastung der Straße erreicht.

Containerschiffe wiederum bewältigen auf lange Distanzen den permanent wachsenden Transport von Containern, die in Terminals der See- und Binnenhäfen auf Straßen- und Schienenfahrzeuge umgeschlagen werden. Flugzeuge übernehmen den schnellen interkontinentalen Transport von Gütern mit Eignung als Luftfracht und erfordern ebenfalls eine leistungsfähige Anbindung an die Landverkehrsmittel. Der Lkw spielt also auch im kombinierten Verkehr Straße/Schiene und Straße/Luftweg eine zentrale Rolle.

Die enorme Zunahme des Straßengüterverkehrs in den letzten beiden Dekaden stellt in mehrfacher Hinsicht eine immer größere Herausforderung dar, die auch aus aktueller Sicht nur durch einen weiteren Ausbau des Straßennetzes zu bewältigen sein dürfte. Das ist aber nur die eine Seite der Medaille, denn es steht außer Frage, dass – neben dem Luftverkehr und der Seeschifffahrt – vor allem auch dieser so unentbehrliche Verkehrsträger einen wesentlichen Beitrag zur Erreichung der angestrebten Klimaneutralität wird leisten müssen. Die Diskussion darüber, mithilfe welcher Antriebstechnologien dies in Zukunft ohne Effizienzverluste und unter Berücksichtigung der erforderlichen Wirtschaftlichkeit geschehen kann, hat gerade erst begonnen. Nach derzeitigem Stand dürfte der klassische Hubkolbenmotor – mit welchem Kraftstoff auch immer – noch Jahrzehnte lang die beherrschende Antriebsart in der Transportlogistik bleiben.

GLOBETROTTER XL

GLOBETROTTER
VOLVO

1.

Der Lkw-Rahmen

Als zentraler Tragkörper eines Nutzfahrzeugs ist der Rahmen sehr hohen Beanspruchungen ausgesetzt. Es entstehen Biegebelastungen, zum Beispiel durch die Nutzlast und das Eigengewicht des Fahrzeugs, aber auch Torsions-, also Verwindungsbelastungen, durch Fahrbahnunebenheiten, insbesondere im Gelände- und Baustellenverkehr, aber auch durch ungleichmäßige Belastung oder bei Kurvenfahrt.

Bei Brems- und Beschleunigungsvorgängen kommt es zu Zug- und Druckbeanspruchungen, vor allem, wenn ein Anhänger eingesetzt wird. Der

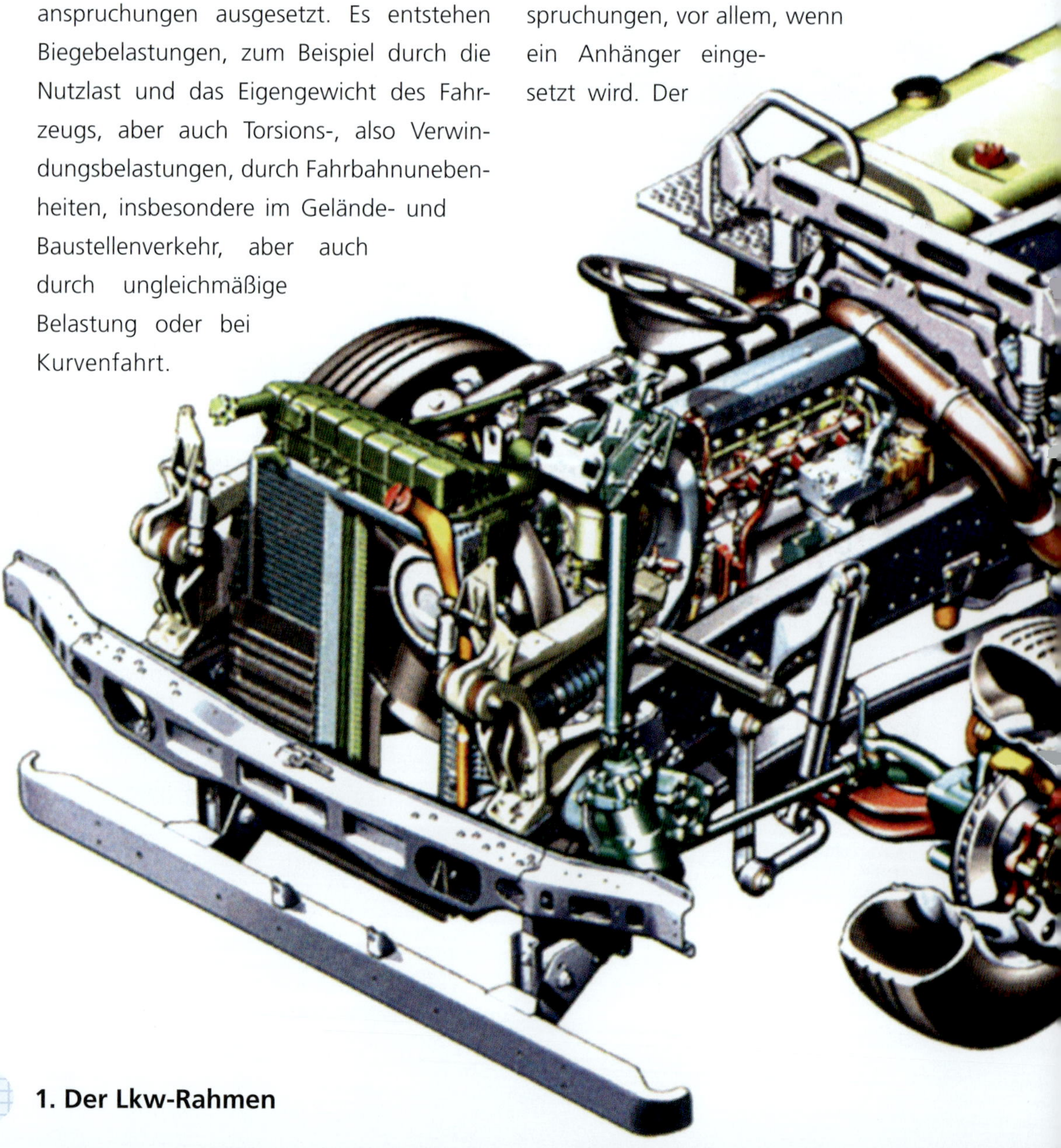

Rahmen muss ebenfalls eine sichere Abstützung des Motors bieten, vor allem aufgrund der wechselnd hohen Drehmomententfaltung. Bei Fahrzeugen mit Kippaufbau muss er zudem die vom Kippzylinder ausgeübte Kraft absorbieren können. Außerdem muss der Rahmen in seiner Auslegung eine günstige Anordnung aller Hauptbaugruppen und Anbauteile des Lkw ermöglichen, wobei es eine große Vielfalt von Radständen, Achslasten, Motoranordnungen, Kabinenbauweisen und natürlich Aufbauten zu beachten gilt.

Das komplette Fahrgestell der Sattelzugmaschine Mercedes-Benz Axor: Unter dem Tragsattel sind die seitliche Rahmenverstärkung sowie die luftgefederte Antriebsachse zu erkennen.

Schon in den Pioniertagen des motorisierten Lkw, an der Schwelle zum 20. Jahrhundert, hatte sich das Grundkonzept von zwei parallel angeordneten Stahlschienen, die, mehr oder weniger intensiv miteinander verstrebt, von der Fahrzeugfront bis zum -heck liefen und die beiden Achsen samt Federelementen aufnahmen, als praktikable Tragstruktur für den Güter- und Personentransport erwiesen. Erstmals auf die besonderen Anforderungen eines Lastwagens abgestimmt, zeigte sich eine

Fahrgestell als Basis für individuelle Aufbauten

von der Daimler-Motoren-Gesellschaft entwickelte Stahl-Rahmenkonstruktion, die 1907 auf der Automobil-Ausstellung in Berlin vorgestellt wurde.

Das Rahmengestell, das ein Gesamtgewicht von 5 bis 6 t tragen konnte, wies wesentliche Verstärkungen auf, wobei die Längsträger einen besondere Festigkeit bietenden, u-förmigen Querschnitt besaßen.
Im Rahmen der technischen Weiterentwicklung begannen Ende der 1920er-Jahre systematische Studien über die Biege- und Verwindungssteifigkeit von Leiterrahmen. Während erstere möglichst hoch sein sollte, gab es bei letzterer gegenläufige Erfordernisse: Die seinerzeit aus Holz gefertigten Fahrerhäuser benötigten einen möglichst torsionssteifen Rahmen, aber bei häufig im Gelände betriebenen Fahrzeugen musste dieser zur Unterstützung der Federung möglichst verwindungsfreundlich ausgeführt sein.

Die Forschungen ergaben, dass man durch die unterschiedliche Gestaltung der Querträger eine auf den jeweiligen Einsatzzweck zugeschnittene, unterschiedlich steife Torsionscharakteristik erreichen konnte. Entsprechend kam es zu Varianten wie etwa dem X-Rahmen, bei dem zwei diagonal gekreuzte Verstrebungen zwischen die beiden Längsträger eingesetzt wurden und für besondere Steifigkeit sorgten.
Insbesondere nach dem Zweiten Weltkrieg setzte ein massiver Trend zu geringeren Eigengewichten von Nutzfahrzeugen ein. Hintergrund war das Verlangen nach höheren Nutzlasten. Zwar konnte der Einsatz höherwertiger Stähle die immer leichter bau-

Rahmen einer Sattelzugmaschine in geschraubter und genieteter Bauweise. Links vorne der Stoßfänger und der Unterfahrschutz, in der Mitte die nach unten gebogene Quertraverse unter dem Motor-Getriebe-Block, dahinter die Stützen zur Führung der Antriebsachse und darüber die Versteifungen zur Aufnahme der Sattelkupplung.

enden Konstruktionen in puncto Stabilität teilweise kompensieren, aber aufgrund des Leichtbaus vermehrt brechende Schweißverbindungen führten schon in den 1950er-Jahren zum flächendeckenden Einsatz von Niet- und Schraubverbindungen – die bisher tiefgreifendste Veränderung im Lkw-Rahmenbau.

Grundsätzlich entspricht dies auch heute noch dem Stand der Technik. Dabei sind jedoch die Qualitäten heutiger Lkw-Rahmen-Konstruktionen nicht mehr mit denen von vor 60 Jahren zu vergleichen. Neueste Materialien – nahezu ausschließlich hoch vergütete Sonderstähle – und modernste elektronikbasierte Berechnungsmethoden stellen inzwischen eine je nach Einsatzzweck exakt definierte Rahmenauslegung und zugleich höchste Belastbarkeit sicher, zum Beispiel durch unterschiedlich definierte Wandstärken der Längsträger. Zudem sind aktuelle Lkw-Rahmen dank einer Fülle werkseitig vorgesehener Befestigungsmöglichkeiten auf die Verwendung unterschiedlichster Aufbauten vorbereitet. Und nicht nur das: Auch alternative Antriebstechnologien, wie der vollelektrische oder der Hybridantrieb, lassen sich in moderne Leiterrahmenkonstruktionen integrieren. Je nach Ausführung des Fahrzeugs sind die Rahmen mit Blick auf die Art der Achsführung, die Federung der Achsen sowie deren Positionierung und Anzahl natürlich auch entsprechend zugeschnitten.

In seiner grundsätzlichen Ausführung weist der Lkw-Rahmen, von wenigen Ausnahmen abgesehen, dagegen kaum Unterschiede zwischen den Gattungen Lkw und Zugmaschine auf. Eine dieser Ausnahme bilden zum Beispiel Fahrgestelle für Lkw oder Zugmaschinen für extreme Volumentransporte, bei denen ein besonders tiefliegender Rahmen in Verbindung mit kleineren Rädern mit Niederquerschnittsreifen und geändertem Antriebsstrang nötig werden können.

Mercedes-Benz Actros mit aufgebauter Sattelkupplung und hinterer Super-Single-Bereifung. Die Sattelkupplung ist um das sogenannten Sattelvormaß vor der Hinterachse montiert, damit auch die Vorderachse belastet wird.

KA DC 4444

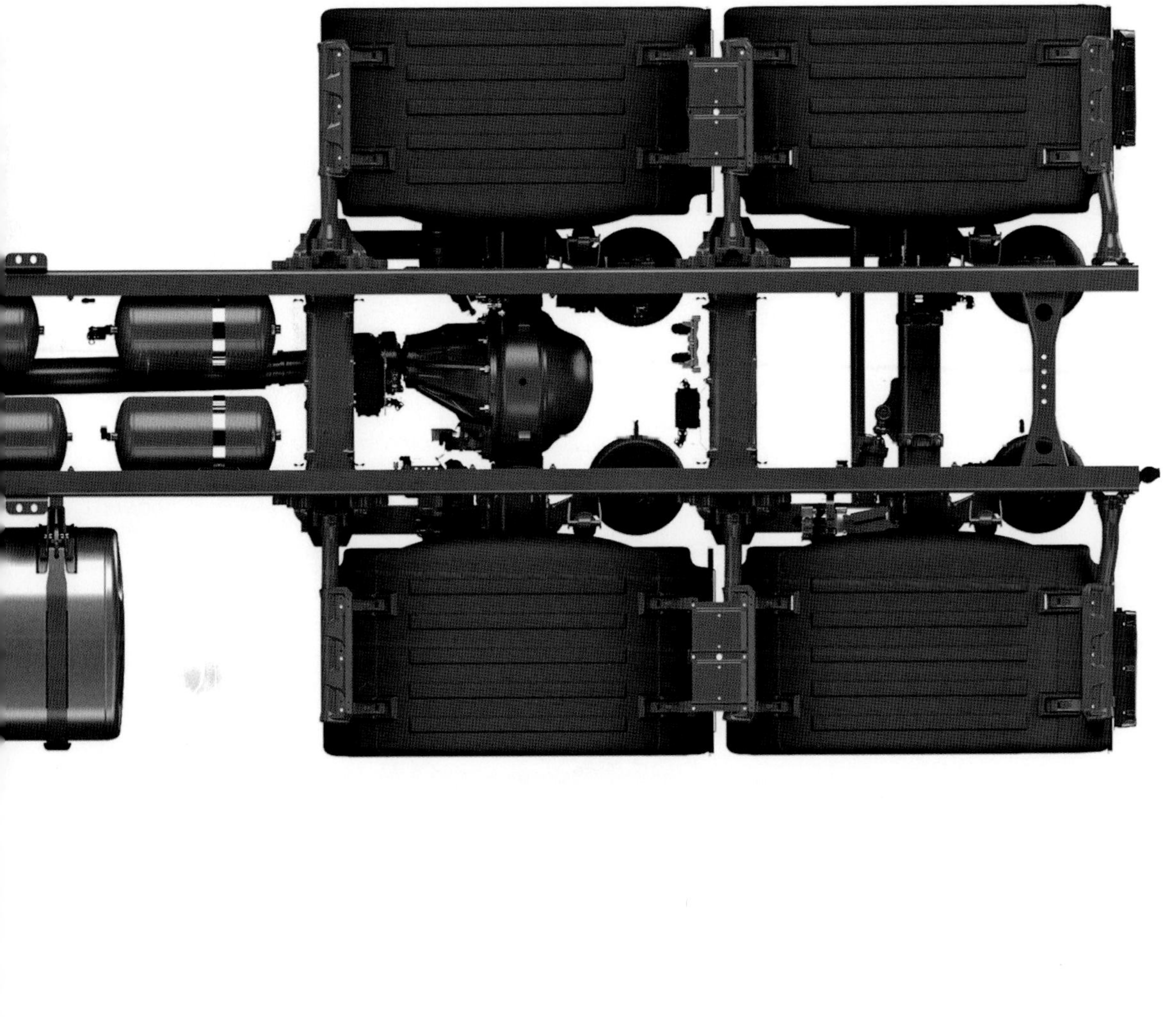

Grundlegende Entwicklungssprünge hat es, anders als im Pkw-Bau, während der vergangenen rund 100 Jahre bei der Auslegung von Lkw-Fahrgestellen nicht gegeben. Es steht zu erwarten, dass dies, trotz aller technischen Umbrüche auch in Zukunft so bleiben wird.

2. Das Fahrwerk

2.1 Die Vorderachse

Von den Pioniertagen des Lkw-Baus bis heute hat die vordere Starrachse als verbindliche technische Lösung bei fast allen schwereren Nutzfahrzeugen überlebt. Entscheidende Argumente für ihren unverändert breitflächigen Einsatz sind die Einfachheit, Strapazierfähigkeit, Belastbarkeit und Wartungsarmut von Starrachskonstruktionen an der Vorderachse im Verteiler- und Güterfernverkehr, vor allem aber bei Baustellenfahrzeugen. Mit ihren vergleichsweise wenigen Bauteilen und unempfindlichen Lagerstellen ist eine Starrachse ideal dazu geeignet, ihre Aufgabe über die komplette Fahrzeuglebensdauer unauffällig zu erfüllen. Einzig im Segment der Leichttransporter bzw. Vans, die im Lauf der Zeit immer höhere Fahrleistungen boten, hat sich in den letzten Jahrzehnten die vordere Einzelradaufhängung als technischer Ausstattungsstandard etabliert.

Bei den meisten Lkw üblicherweise verwendete starre Vorderachse wird konventionell mit metallischen Federn am Rahmen abge-

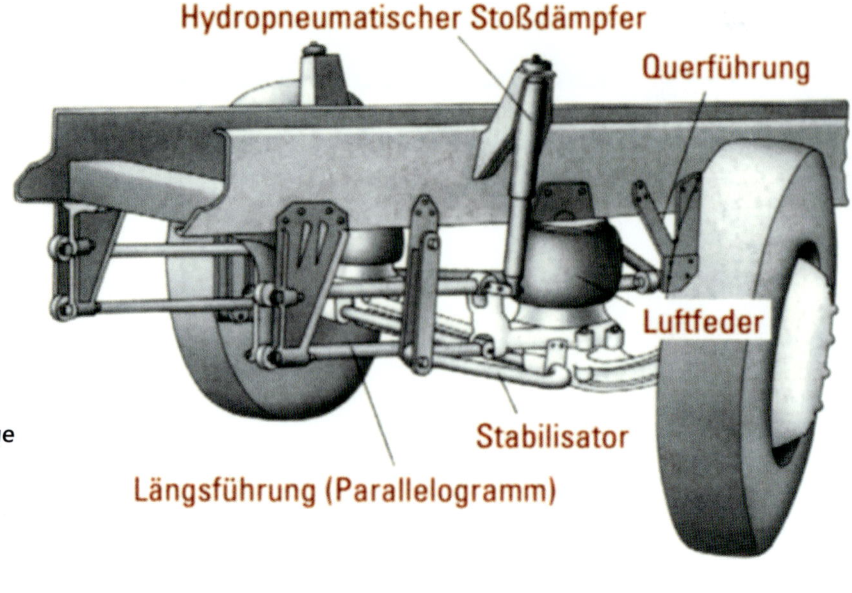

Luftgefederte Vorderachse mit Längs- und Querführung durch Lenker. Die Luftfederbälge stützen sich am Rahmen und auf der Achse ab.

stützt. Eine besondere Führung der Achse erübrigt sich dadurch. Die Feder wird für robuste Anwendungen als Blattfeder ausgeführt, während für höheren Federungskomfort die geschmeidigeren Parabelfedern gewählt werden. Die Feder nimmt dabei zugleich die Bremskräfte auf. Stabilisatoren haben die Aufgabe, der Seitenneigung und dem Wanken des Fahrzeugs entgegenzuwirken. Die heute weit verbreitete Luftfederung bietet den höchsten Komfort in Verbindung mit Stoßdämpfern. Eine starre Vorderachse ist stets als geschmiedete Faustachse ausgeführt. Da der Motor meistens über der Achse eingebaut ist, wird sie leicht nach unten gekröpft. Eine Vereinfachung der Konstruktion wird durch eine feste Verbindung der stabilen Längslenker mit der Achse und deren gelenkiger Lagerung am Rahmen erreicht. Dadurch werden Gelenke, Lenker und sogar der Stabilisator entbehrlich. Eine solche Eingelenklagerung wurde erstmals beim Actros von Mercedes-Benz und bei der MAN TGA-Baureihe für den Lkw verwirklicht. Bei den Baufahrzeugen wird für erschwerte Einsätze auch die Vorderachse angetrieben, einerseits, um das ganze Fahrzeuggewicht für den Vortrieb zu nutzen, andererseits, um die Lenkfähigkeit auf widrigen Bodenverhältnissen zu verbessern.

Inzwischen gibt es mancherorts Vorstöße in puncto vorderer Einzelradaufhängung bei leichteren Verteiler-Lkw im Gewichtsbereich bis 3,5 t und in Einzelfällen sogar bei schweren Fernlastwagen. Nach Ansicht der Hersteller wiegen dabei die Vorteile der Konstruktion, wie zum Beispiel verringertes Gewicht und damit einhergehend eine höhere Nutzlast, präziseres Fahrverhalten, wesentlich verbesserter Fahrkomfort für das Fahrpersonal und bei empfindlicher Ladung, eine durch die Reduktion der ungefederten Massen geringere Straßenbelastung sowie eine erhöhte Wendigkeit des Lkw dank größerer

Schon optisch ist zu erkennen, dass eine Einzelradaufhängung an der Vorderachse eine komplexe Baugruppe darstellt. Die abgebildete Konstruktion mit Luftfederung wird seit 2013 auf Wunsch in bestimmte Typen der schweren FH-Baureihe von Volvo eingebaut.

Beim Fuso Canter 3,5-Tonner kommt bereits seit 2011 diese Pkw-ähnlich aufgebaute Aufhängung mit Querlenker und Schraubenfeder zum Einsatz. Auch im leichteren Verteilerverkehr kommen die zahlreichen Vorteile der Einzelradaufhängung gut zur Geltung.

möglicher Lenkwinkel, deren potenziellen Hauptnachteil einer größeren Komplexität und damit potenziell höherer Schadenanfälligkeit im harten langjährigen Transportverkehr mehr als auf.

Als Pionier der vorderen Einzelradaufhängung im Schwer-Lkw darf Volvo gelten. Die Schweden boten für die 2013 eingeführte dritte Generation ihrer FH-Baureihe erstmals eine solche Konstruktion für die 4x2- und

6 x 2-Versionen auf Wunsch an. Bereits zwei Jahre zuvor rüstete der zu Daimler Trucks gehörende japanische Hersteller Fuso seinen leichten Verteiler-Lkw Canter als 3,5-Tonner serienmäßig mit einer vorderen Einzelradaufhängung und Schraubenfedern aus. Volvo hebt besonders die hohe Geradeauslaufstabilität der Neukonstruktion hervor, die ein ungewolltes seitliches Ausschwenken oder gar Schlingern, wie es mitunter bei Fahrzeugen mit starrer Vorderachse auftritt, unterbindet. Gerade bei höheren Geschwindigkeiten vermittelt die Einzelradaufhängung im FH dem Fahrer das Gefühl bester Fahrzeugkontrolle. Ähnliches gilt beim Überfahren von Schlaglöchern und Bodenwellen, das dank der Neukonstruktion nahezu unmerklich vonstattengeht und keinerlei Unruhe ins Fahrzeug bringt. Im schweren Fernverkehrs-Lkw hingegen hat die Einführung der vorderen Einzelradaufhängung durch Volvo bisher vor allem bei Fachjournalisten großen Widerhall gefunden. Andere europäische Lastwagenhersteller belassen es vorerst bei den ausgereiften Starrachskonstruktionen – nicht zuletzt aus Kostengründen.

ZF in Friedrichshafen bietet Lkw Herstellern diese Eigenkonstruktion einer vorderen Einzelradaufhängung als komplette Baugruppe an. So könnten die Hersteller zwar jede Menge Entwicklungskosten sparen, aber eine breitflächige Einführung ist noch nicht in Sicht.

2.2 Die Antriebsachse(n)

Diese ist generell als Hohlkörper ausgeführt. Schwere Achsen werden aus Gussmaterial hergestellt, leichtere bestehen aus Pressteilen, die durch Blechumformtechnik gebildet werden. Das Achsgetriebe oder Differenzial und die Radlagerung mit Trommelbremse oder Bremssätteln sind integriert. Die Abstützung wird, wie bereits erwähnt, je nach Einsatzprofil mit Blatt-, Parabel- oder Luftfederung bewerkstelligt. Geführt wird die Achse auf jeder Seite mit einem Lenker in Längsrichtung und einem oberen Lenker als sogenannte Drehmomentstütze zwischen einem Querträger des Rahmens und der Oberseite des Achskörpers. Wenn diese obere Stütze als stabiler Dreieckslenker ausgeführt wird, entfällt ein besonderer Querlenker. Die Achsgetriebe sind als Hypoidgetriebe ausgeführt, wobei die Achsen von Antriebsritzel und Tellerrad gegeneinander versetzt sind. Die Hypoidverzahnung (Spiralverzahnung) entwickelt weniger Geräusche als eine normale Geradverzahnung. Konstruktive Unterschiede weisen luftgefederte Achsen insofern auf, als bei schweren Fahrzeugen in Abhängigkeit von den Einsatzprofilen eine Zweibalg- oder Vierbalg-Ausführung zum Einsatz kommt. Fahrgestelle zum Transport von Wechselbehältern werden übrigens immer mit Vollluftfederung ausgeführt, um ein Absenken zum Unterfahren der abgestellten Behälter und Anheben in die Fahrstellung zu ermöglichen.

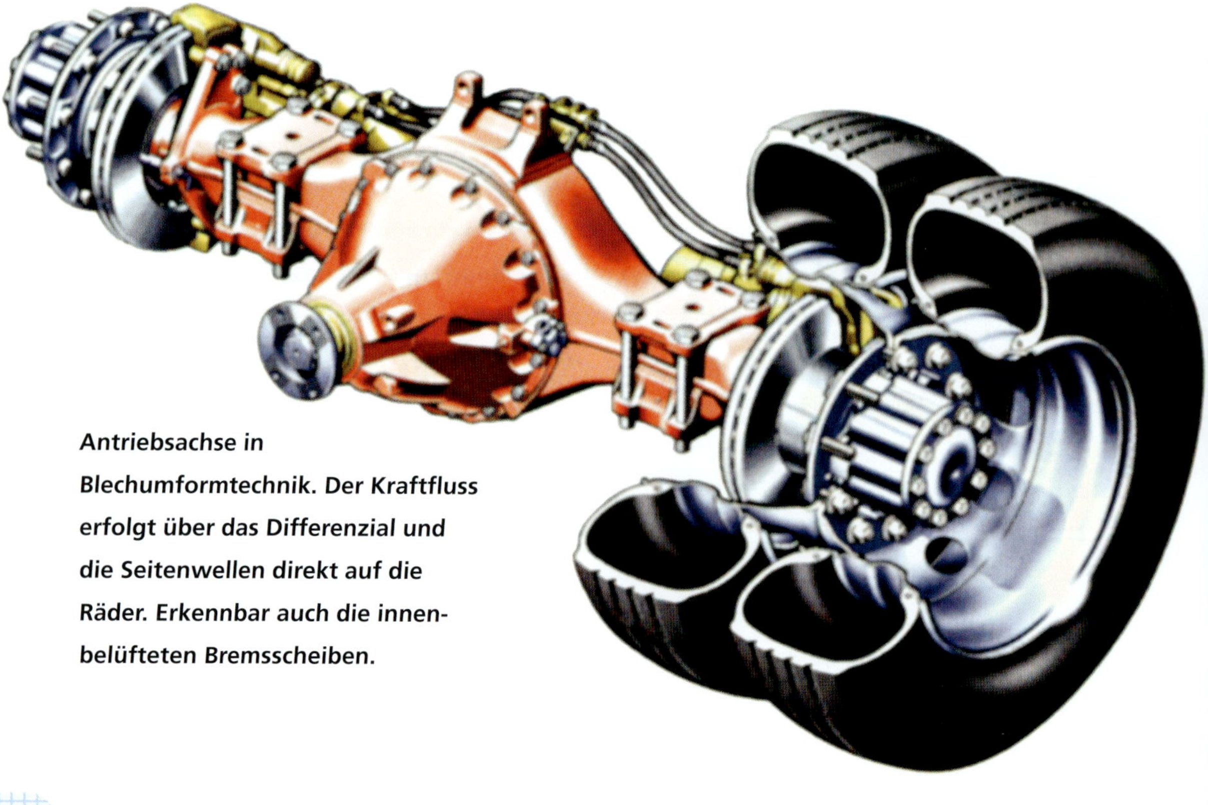

Antriebsachse in Blechumformtechnik. Der Kraftfluss erfolgt über das Differenzial und die Seitenwellen direkt auf die Räder. Erkennbar auch die innenbelüfteten Bremsscheiben.

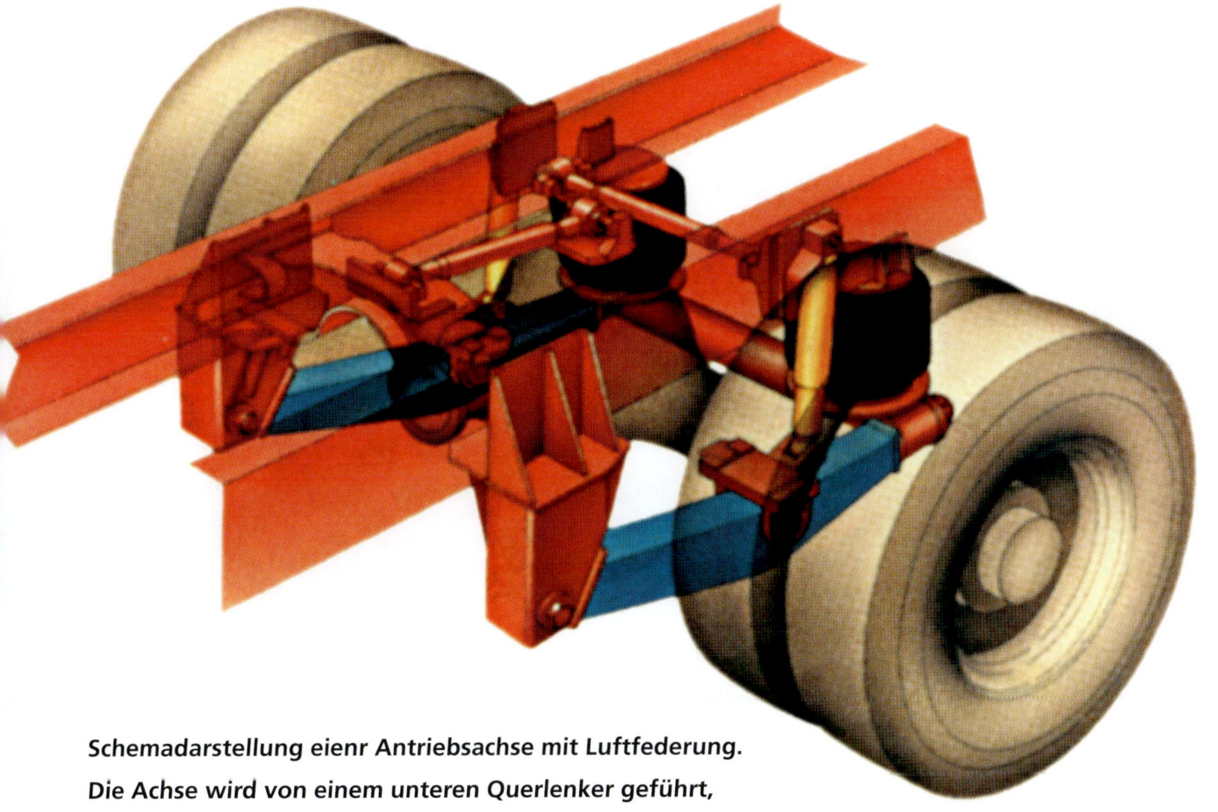

Schemadarstellung eienr Antriebsachse mit Luftfederung. Die Achse wird von einem unteren Querlenker geführt, ein oberer Lenker und ein Querlenker stützen sich am Achsgehäuse ab.

2.2.1 Doppelachse und Tandemachse

Zunächst zum definitorischen Unterschied zwischen diesen beiden Bauformen: Es handelt sich um eine Doppelachse, wenn der Achsabstand vom einen zum anderen Reifen zwischen einem und zwei Metern beträgt. Liegt der Achsabstand jedoch unter einem Meter, handelt es sich um eine Tandemachse.

Grundsätzlich gilt: Für mehrachsige Fahrzeuge ergibt sich durch Kombination von Lenk-, Vorlauf-, Nachlauf- und Tandemachsen eine Vielfalt von Lösungen für die Gestaltung des Fahrwerks. Die Fahrzeuge lassen sich unter Rückgriff auf ein entsprechendes Baukastensystem an unterschiedliche Einsatzbedingungen anpassen. Insgesamt ergeben sich für die Kunden, je nach Anwendungsfall, mehrere Möglichkeiten der Konfiguration dreiachsiger und vierachsiger Lastkraftwagen:

- Tandemachse mit zwei angetriebenen Achsen, Blatt- oder Luftfederung
- Antrieb einer Achse und einzelbereifter Vor- oder Nachlaufachse, beide mit Luftfederung.
- Vor- oder Nachlaufachse in starrer, gelenkter und/oder liftbarer Ausführung.

Typische Tandemachse mit pendelnd gelagerten Blattfedern, Trommelbremsen und Außenplanetengetrieben. Die Führung der Achsen erfolgt durch Lenker und Federn.

Ein mechanischer Achslastausgleich innerhalb der Tandemachse erübrigt sich bei Straßenfahrzeugen mit Parabelfedern oder Luftfedern. Fahrzeuge für den Bau sind zumeist mit Blattfedern ausgestattet, die bei welligem Boden den Achslastausgleich durch ihre waagebalkenartige Lagerung bewirken. Die Achsen werden unabhängig von der Federung mit Lenkern geführt. Vierachsige Fahrzeuge mit zwei gelenkten Vorderachsen sind ein Merkmal von Fahrzeugen für den Bau und für Sonderzwecke.

2.2.1.1 Die Vorlaufachse

Im umgekehrten Sinne wie Nachlaufachsen, die als Zusatzachsen hinter der oder den Antriebsachsen angeordnet sind, werden Vorlaufachsen vor der oder den Antriebsachsen eingebaut. Dies geschieht insbesondere dann, wenn zum Einsatzprofil der betreffenden Zugmaschine auch die Bewältigung besonders hoher Lasten gehört. Primärer Zweck der Vorlaufachse ist demnach die Gewichtsentlastung, wenn die auftretenden Gewichte so hoch

Entsorgungsfahrzeuge müssen typischerweise sowohl mit häufiger Schwerpunktverlagerung zurechtkommen als auch eine besondere Wendigkeit im innerstädtischen Einsatz aufweisen. Hier bieten, wie abgebildet, lenkbare Vorlauf- und Nachlaufachsen entscheidende Vorteile.

sind, dass sie die gesetzlichen Vorschriften der höchstzulässigen Achslast von 11 t überschreiten.

Bei Solo-Lkw ist der Einbau einer Vorlaufachse – abgesehen vom Aspekt der generellen Entlastung für Chassis, Aufhängungen und Reifen – vor allem bei solchen Fahrzeugen angezeigt, die immer wieder hohe Heckbelastungen bewältigen müssen. Typische Beispiele sind hier Fahrzeuge, bei denen eine massive Verschiebung des Schwerpunkts nach hinten zum täglichen Einsatz gehört, zum Beispiel Absetzkipper, die über das Heck Container absetzen und aufnehmen, oder Pressmüllwagen, bei denen ebenfalls am Heck Belastungsspitzen entstehen. Ein Vorteil von Vorlaufachsen ist überdies, dass sie, insbesondere bei Sattelzugmaschinen der mittleren und schweren Klasse, die

Fahrstabilität erhöhen. Von außen sind die Zusatzachsen zumeist daran zu erkennen, dass sie im Unterschied zu der oder den Antriebsachsen mit einer Einfachbereifung auskommen. Das gilt übrigens auch für den Bereich der Schwerlast-Zugmaschinen, bei denen eine Vorlaufachse als insgesamt vierte Achse nahezu unabdingbar ist. Hier sind sie nahezu ausschließlich lenkbar ausgeführt, was neben zusätzlicher Lastaufnahme auch den Vorteil besserer Manövrierfähigkeit mit sich bringt.

Liftbare Vorlaufachsen, die bei Bedarf und entsprechend dem Belastungszustand elektropneumatisch abgesenkt werden können, helfen vor allem, den Reifenverschleiß zu reduzieren und damit die Betriebskosten des Nutzfahrzeugs zu senken. Zudem ermöglichen sie in angehobenem Zustand bei entsprechenden Straßenverhältnissen ein leichteres Anfahren, da auf diese Weise der Druck auf die Antriebsachse zunimmt und bessere Traktion entsteht. Gegenüber einer starren Doppelachsausführung, wie sie bei schweren Baulastern häufig vorkommt, punktet eine Vorlaufachse auch durch eine geringere Scherbewegung bei Kurvenfahrt und – da sie einzelbereift ist – geringere Abrollgeräusche.

Eine Domäne lenkbarer Vorlaufachsen ist das Segment der Schwerlast-Zugmaschinen. Auch der legendäre, 750 PS/552 kW starke Volvo FH16 ist damit ausgestattet und bewältigt so Lasten bis zu unglaublichen 750 t.

Klar erkennbar ist dieser Muldenkipper des finnischen Herstellers Sisu mit einer einzelbereiften Vorlaufachse versehen. Sie ist unmittelbar vor den beiden angetriebenen Hinterachsen eingebaut, starr ausgeführt und dient dort zur Gewichtsentlastung.

2.2.1.2 Die Nachlaufachse

Historisch betrachtet ist schon in der frühen Nutzfahrzeug-Geschichte die Frage aufgekommen, welche Konstruktion am besten besonders hohe Lasten transportieren kann. Bereits 1924 präsentierten der Braunschweiger Hersteller Büssing und parallel dazu der schwedische Nutzfahrzeugbauer Scania-Vabis hierfür eine aufsehenerregende und technisch aufwendige Lösung: einen dreiachsigen Lastwagen mit der Achsformel 6x4, also mit zwei angetriebenen Hinterachsen. Neben der nun möglichen Bewältigung hoher Nutzlasten sprachen weitere Vorteile für diese innovative Konstruktion, insbesondere die Entlastung des Fahrzeugrahmens, der Achsen sowie der Bereifung. Allerdings umging man durch die kostspielige Auslegung mit zwei hinteren Antriebsachsen ein physikalisches Problem, das sich mit zwei starren, das heißt nicht lenkbaren, Hinterachsen bei Kurvenfahrt zwangsläufig stellt: die auftretende Scherbewegung, die eine der Kurvenfahrt entgegengerichtete Kraft ausübt und dadurch die Manövrierbarkeit und Wendigkeit des Fahrzeugs massiv einschränkt.

Auf diesem Bild sind Anordnung und Auslegung einer klassischen Nachlaufachse gut zu erkennen. Sie ist hinter der Antriebsachse angeordnet und verfügt über eine Einfachbereifung. Ihre Hauptaufgabe liegt in der Nutzlasterhöhung bei gleichzeitiger Verschleißminderung.

Gegen Ende der 1920er-Jahre wurden schließlich erste weniger aufwendige Konstruktionen mit nicht angetriebener zweiter Hinterachse verwirklicht. Diese beendeten weitgehend die durch höhere Nutzlasten und steigende Motorleistungen existierenden physikalischen Probleme, wozu vor allem bei Kurvenfahrt radierende Reifen an der dritten Achse gehörten. Hier war diese dritte Achse als Nachlaufachse angeordnet. Auf breiter Front hat sich diese Achskonfiguration 6x2/2 erst ab den 1950er-Jahren durchgesetzt, als die Anforderungen an Nutzlast bzw. Transportkapazität bei Lkw noch weiter gestiegen waren. Bei schweren, an der einzelnen Antriebsachse doppelbereiften Solo-Lkw hat dann eine zumeist einfach bereifte Nachlaufachse die gesamte Auslegung komplettiert.

Inzwischen gehören Nachlaufachsen nahezu zum Ausstattungsstandard von mittelschweren bis schweren Solo-Lkw mit Wechselaufbauten. Fahrzeuge mit einer Gesamtmasse von mehr als 18 t müssen dabei obligatorisch als Dreiachser ausgelegt sein. Dann darf ihr Höchstgewicht bis zu 25 t betragen. Ebenso oft werden inzwischen Nachlaufachsen auch bei schweren Sattelaufliegern eingesetzt, um größtmögliche Flexibilität sicherzustellen. Allerdings bringen Nachlaufachsen auch gewisse Nachteile mit sich, denn auch hier fordert die Physik ihren Tribut: Bei zügiger Kurvenfahrt, insbesondere wenn es nass und glatt ist, wird bei Solo-Lkw die Antriebsachse in ihrer Seitenführung durch das Vorhandensein der Nachlaufachse und den entsprechend großen hinteren Überhang entlastet, was zu einem vorzeitigen Ausbrechen des Lkw führen kann.

Längst entschärft ist jedoch das bereits erwähnte physikalische Problem der Scherbewegung: Seit langem gibt es lenkbare Ausführungen der Nachlaufachse. Sie schonen Bereifung und Straßenoberfläche, reduzieren die

Ein typischer Einsatzbereich von lenkbaren Nachlaufachsen ist das Segment gehobener Verteiler-Lkw der mittleren Gewichtsklasse. Hier bringt die hohe Nutzlastflexibilität und die im innerstädtischen Bereich notwendige Beweglichkeit solcher Fahrzeuge zählbare Vorteile.

Abrollgeräusche und machen das Solofahrzeug und Gespanne aus Zugmaschine und Sattelauflieger durch einen geringeren Spurkreis bei Kurvenfahrt wesentlich wendiger. Weiteres dazu im Abschnitt »Lenksysteme«.

Auch liftbare Nachlaufachsen sind schon seit mittlerweile mehr als fünf Jahrzehnten Teil des üblichen Technikrepertoires der Lkw-Welt. Bei geringer Nutzlastanforderung werden sie angehoben, bei hoher werden sie

auf die Straßenoberfläche abgesenkt und laufen mit. Mittlerweile sind auch viele Sattelauflieger mit solchen Liftachsen ausgestattet. Den Vorteilen solcher Konstruktionen, wie einer Verringerung von Reifenverschleiß, Kraftstoffverbrauch und Abrollgeräusch, steht allerdings auch hier ein handfester Nachteil gegenüber. Wenn die Achse geliftet ist, wird die Bremswirkung um zwei Räder reduziert.

Grundsätzlich gilt für liftbare Achsen, dass ihre bis heute gebräuchlichste Bauform die der nicht angetriebenen, einfach bereiften Zusatzachse geblieben ist. Die früher übliche hydraulisch gesteuerte Absenkung und Anhebung ist bei mittelschweren und schweren Lkw mittlerweile in der Regel in die zumeist vorhandene, elektronisch gesteuerte Luftfederanlage eingebunden. Dort geschieht das Absenken der Achse mit Hilfe von Drucksensoren automatisch, sobald der Druck im Luftfederbalg der Antriebsachse einen definierten Wert überschreitet. Im Übrigen ist die nicht angetriebene Liftachse in den meisten Fällen als Nachlaufachse ausgebildet.

Die angetriebene Liftachse mit ihrer relativ aufwendigen Technik hingegen ist trotz ihrer über 60 Jahre langen Geschichte eine Randerscheinung geblieben – zumal auch nicht angetriebene Liftachsen gewisse Vorteile in puncto Traktion bieten: So erhöht sich in

Der 540 PS/397 kW starke Volvo FH demonstriert mit liftbarer, angetriebener Nachlaufachse an der Zugmaschine und vorderer Liftachse am Auflieger, wie vielfältig die Konfigurationsmöglichkeiten solcher Achsen sind. Großbaustellen sind für sie der ideale Einsatzort.

Volvo gehört zu den wenigen Lkw-Produzenten, die angetriebene Nachlauf-Liftachsen für einige ihrer Lkw-Baureihen anbieten. Aktuell sind sie auf Wunsch für den FM, den FMX sowie für den FH und das Spitzenmodell FH16 verfügbar.

angehobenem Zustand der Achsdruck der benachbarten Antriebsachse, was Anfahrmanöver von Solo-Lkw und Sattelzügen zum Beispiel auf verschneiter Fahrbahn vereinfachen kann.

2.2.1.3 Angetriebene Tandemachsen

Solche Achskonfigurationen tauchen bei Straßen-Lkw nur ganz selten auf. Der Antrieb der zweiten Achse im Tandem erfolgt über einen sogenannten Durchtrieb, manchmal mit einem Längsdifferenzial zum Ausgleich von Drehzahldifferenzen zwischen den beiden Achsen. Damit sind insgesamt drei Differenziale vorhanden, die bei schwierigen Bodenverhältnissen zusätzlich sperrbar sind. Die beschriebenen, relativ schweren Achsaggregate, die im Straßenverkehr mit 20 t belastbar sind, erlauben für Fahrzeuge im speziellen Baustellen- oder anderen Offroadbetrieb und für Schwerlastzugmaschinen sogar Belastungen bis ca. 30 t. Im landläufigen Verteiler- und Fernverkehr reicht dagegen eine angetriebene Achse vollauf, und normale Baufahrzeuge kommen in ihrer großen Mehrheit mit einer angetriebenen Doppelachse bestens zurecht.

Dass angetriebene Tandemachsen ein Sonderfall für ganz spezifische Einsatzprofile sind, belegt zudem die Tatsache, dass deren Räder im Allgemeinen nicht direkt, sondern über Außenplanetengetriebe in den Radnaben angetrieben werden. Damit wird erreicht, dass das volle Drehmoment zur Erzielung bestmöglicher Zugkraft erst am Rad anliegt, was zu einer Entlastung des Antriebsstrangs führt. Um unterschiedliche Drehzahlen der beiden Achsen auszugleichen, kann in einigen Fällen auf Wunsch auch ein Differenzial eingebaut sein.

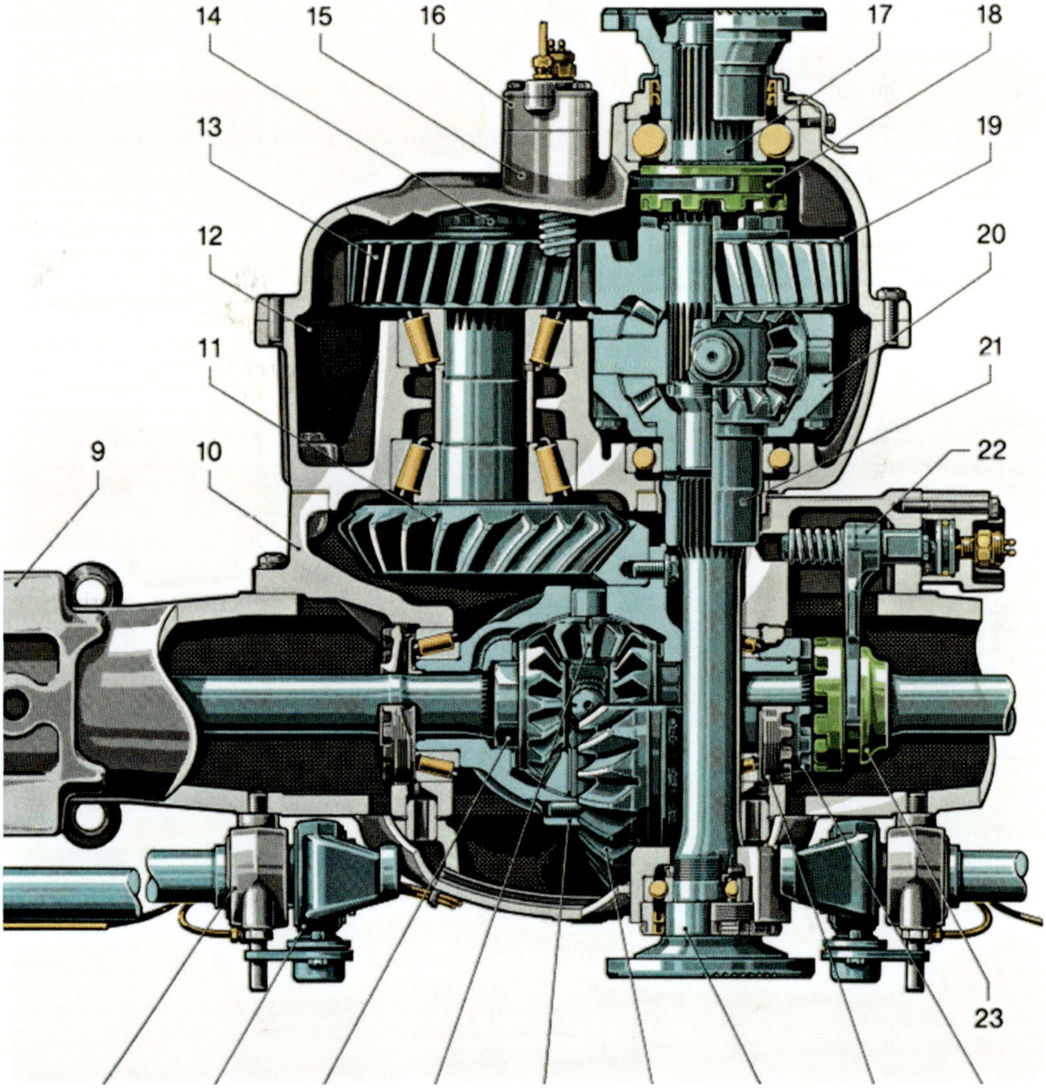

Durchtriebsachse: Die erste Achse wird über ein Zwischengetriebe mit Differenzial angetrieben.

2.2.2 Antriebsformeln/ Achskonfigurationen

Die Antriebsformel, häufig auch Radformel oder Achskonfiguration genannt, beschreibt, wie viele Räder ein für Straßen- und/oder Geländeeinsatz vorgesehenes Nutzfahrzeug hat, wie viele davon angetrieben und wie viele davon gelenkt sind. Eigentlich stammt diese Art von systematisierter Bezeichnung der technischen Antriebsauslegung aus dem Lokomotivbau, wo sie mittels Zahlen, Buchstaben und Satzzeichen zur Codierung der Bauartbezeichnung von Triebfahrzeugen dient.

Anders als im Pkw-Bereich, wo das aus Zahlen, dem Multiplikationszeichen x und verschiedenen Satzzeichen wie Schrägstrich, Bindestrich, Klammer oder auch Sternchen bestehende, allerdings nicht vollständig vereinheitlichte Bezeichnungssystem noch sehr übersichtlich und selbsterklärend ist – andere Konfigurationen als 4x2 und 4x4 existieren in der Realität nicht –, erweist es sich bei Nutzfahrzeugen angesichts der Vielzahl vorkommender Varianten als erklärungsbedürftig. So benennt die Codierung 6x4/4 zum Beispiel ein Fahrzeug mit 6 Rädern, von denen 4 angetrieben werden. Der Schrägstrich samt der dahinter angegeben Ziffer beschreibt darüber hinaus, dass die zwei Vorderräder sowie die Räder der hinteren der beiden Hinterachsen gelenkt sind, es sich also um eine gelenkte Nachlaufachse handelt. Bei einem Fahrzeug in

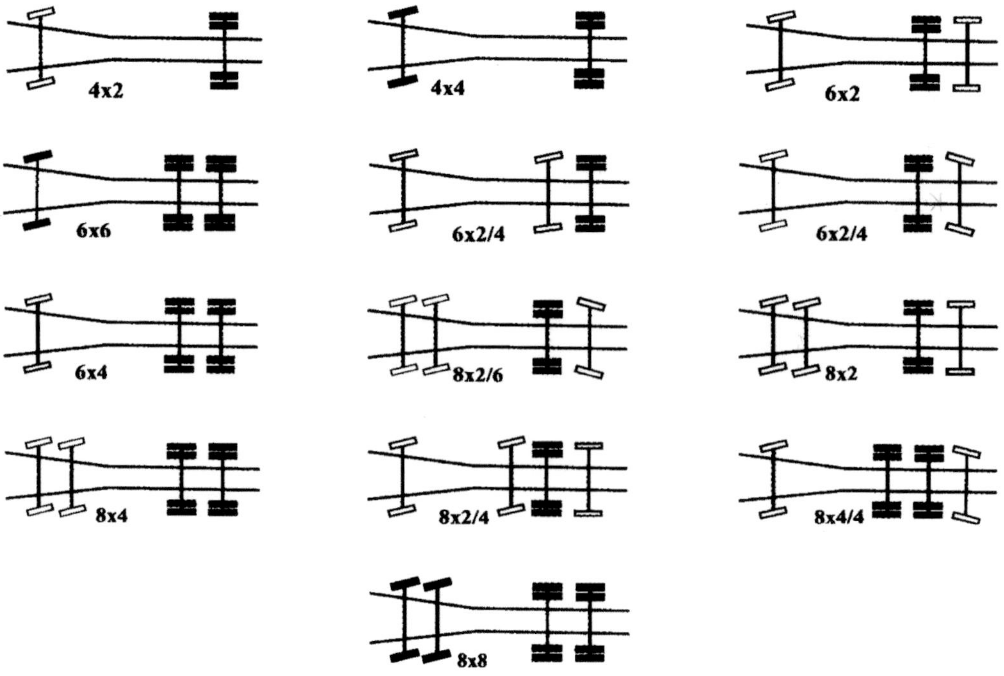

Übersicht über die wichtigsten Achs- und Radanordnungen für zwei- und mehrachsige Fahrgestelle.

Große Mobilkrane wie dieser Terex DEMAG sind gelegentlich auch im öffentlichen Straßenverkehr anzutreffen. Sechs Achsen sind nötig, um das gewaltige Gewicht des Fahrzeugs tragen zu können, die lenkbare Nachlaufachse sorgt für die nötige Beweglichkeit.

8x4x4-Konfiguration handelt es sich demnach um einen Vierachser mit angetriebener Doppel-Hinterachse und lenkbarer doppelter Vorderachse. Wäre das Fahrzeug mit Allradantrieb ausgerüstet, würde es wiederum als 8x8 bezeichnet werden. Die Anzahl der Achsen ergibt sich bei der Angabe der Antriebsformel übrigens nur aus der Zahl der Räder, wobei aber Zwillingsbereifung nicht doppelt, sondern einfach gezählt wird.

Eine ungewöhnliche Antriebsformel, wie sie etwa lange Zeit bei britischen Zugmaschinen der mittleren und vor allem schweren Klasse typisch war, ist 6x2/4: gelenkte Vorderachse, hintere gelenkte Vorlaufachse und Antriebsachse. Im Unterschied dazu bezeichnet die eher seltene Konfiguration 8x2/6 eine gelenkte Vorderachse, eine einzelne Antriebsachse sowie je eine gelenkte Vorlauf- und Nachlaufachse. Übrigens unterscheiden nicht alle Hersteller bei ihrer Antriebsformelcodierung zwischen Vor- und Nachlaufachse. Manche nutzen hierzu neben dem Schrägstrich auch einen kleinen Querstrich, um die beiden Varianten kenntlich zu machen, andere wiederum verwenden hierfür eigene Abkürzungen wie VLA und NLA.

Spezial-Lkw wie zum Beispiel Schwerlastzugmaschinen oder auch große Mobilkrane weisen zumeist die Konfigurationen 8x6 oder 10x8 auf, gelegentlich gibt es auch Fahrzeuge in der Auslegung 10x10 oder 12x8. Besonders extrem fallen die Antriebsformeln im Bereich schwerer Militärfahrzeuge aus, die fast ausschließlich mit Allradantrieb und -lenkung versehen sind. Hier kommen mitunter Konfigurationen wie 16x16 oder gar 24x24 vor, letztere mit 12 angetriebenen Achsen.

2.3
Die Federung

Die ersten Überlegungen, das Fahren mit Fuhrwerken komfortabler zu machen und damit erstmals auch den Transport empfindlicher oder zerbrechlicher Güter auf Rädern zu ermöglichen, wurden bereits im 15. Jahrhundert angestellt. Eine der frühesten Ideen war, den Wagenaufbau an Lederriemen aufzuhängen, was zumindest die unangenehmsten Stöße von den Passagieren fernhielt.

Es dauerte weitere zwei Jahrhunderte, bis die ersten elastischen Federn aus Stahlblättern eingeführt wurden, die zwischen Achse und Aufbau lagen und für einen deutlich verbesserten Fahrkomfort sorgten – eine technische Grundidee, die sich bis heute gehalten hat. Allerdings wurde bereits in der Frühzeit der Stahlfederung schnell klar, dass es sich um ein schwingungsfähiges System handelte, das einer wie auch immer gearteten Dämpfung bedurfte, sollte der Wagenaufbau nicht durch übermäßiges Aufschaukeln in einen unkontrollierbaren Zustand geraten.

2.3.1
Blattfederung

Im 17. Jahrhundert stellte die sogenannte C-Feder die Technik der Wahl dar: Sie bestand aus übereinandergelegten, C-förmigen

Heutige Blattfedern unterscheiden sich zwar nicht in ihrer grundsätzlichen Funktionsweise von denen früherer Generationen, wohl aber in ihrer wesentlich differenzierteren Charakteristik. Selbst beim schweren Baulaster Mercedes-Benz Arocs weisen sie nur drei Lagen auf.

Stahlblättern und machte ein wesentlich erschütterungsärmeres Fahren möglich. Der nächste, entscheidende Schritt war dann mit Beginn des 19. Jahrhunderts die allmähliche Einführung der Blatt- oder Elliptikfeder, die zwischen Achse und Wagenaufbau zwischengeschaltet war und in der Folge ihren Siegeszug in den Straßenfahrzeugen antrat. Im Nutzfahrzeugbereich ist sie bis heute die bestimmende Stahlfederung: Längsliegende Blattfederpakete finden sich nach wie vor an den üblicherweise starren Vorder- und Hinterachsen der meisten Nutzfahrzeuge ab etwa 7,5 t. Lediglich bei den Leichttransportern der 3,5-t-Klasse, deren Fahrgeschwindigkeit nicht von Gesetzes wegen limitiert ist, haben sich seit mehreren Jahrzehnten an der Vorderachse Einzelradaufhängungen mit Schraubenfedern durchgesetzt.

Lange bestanden die in Nutzfahrzeugen verbauten Blattfederpakete aus einer großen Anzahl einzelner, geschichtet angeordneter Federlagen. Die Form der Pakete war daher hoch und eher kurz. Dies bot den Vorteil, dass sie die zur Achsführung erforderlichen Längs- und Querkräfte ebenso aufnehmen konnten, wie die im Lkw entstehenden hohen Antriebs- und Bremsmomente. Dank der großen Reibung zwischen den einzelnen Federblättern einerseits und innerhalb der hinteren Federlagerung am Rahmen mittels eines sogenannten Gleitschuhs andererseits wies das Schwingungsverhalten eine so große Eigendämpfung auf, dass man vielfach auf den Einsatz zusätzlicher Stoßdämpfer verzichten konnte. Das durch dieses Federungskonzept erreichte Komfortniveau war jedoch so niedrig, dass es auf Dauer weder dem Fahrpersonal noch dem Ladegut oder der Straßenoberfläche guttat. Erst seit den 1960er-Jahren konnten diese massiven Nachteile durch neue Materialien, Entwicklungs- und Messmethoden allmählich beseitigt werden, ohne dass der zentrale Vorteil dieser technischen Lösung, ihre unbedingte Robustheit, Belastbarkeit und Langlebigkeit, beeinträchtigt wurde. So wurden die Blattfederpakete im Lauf der Zeit länger und weicher ausgelegt. Der Reibungsreduzierung dienten eine wesentliche Verringerung der Federblattanzahl sowie eine veränderte Aufhängung der Federpakete am Rahmen. Es kamen vermehrt höhere Blattstärken und parallel geschaltete, abgestufte Zusatzfedern zum Einsatz, deren Schwingungsverhalten exakt definiert werden konnte.

Andere Arten der Stahlfederung, zum Beispiel mittels Schrauben- oder Drehstabfedern, konnten sich – wohlgemerkt jenseits der Leichttransporter-Kategorie – nur bei einzelnen Herstellern und vor allem für spezielle Einsatzbereiche durchsetzen. Zum Beispiel gehören Schraubenfedern häufig zur Standardausstattung bei Lkw, die für den schweren Geländeeinsatz gedacht sind, zum Beispiel Militärlastwagen oder auch der Unimog. Dort wo Geschmeidigkeit, eine hohe Achsverschränkung und extrem lange Federwege gefordert sind, kann die Blattfederung nur in sehr engem Rahmen mithalten.

Die Hinterachs-Blattfedern des leichteren bis mittleren Verteiler-Lkw Mercedes-Benz Atego fallen eher lang aus und sorgen mit nur zwei sorgfältig spezifizierten Federblättern für einen vergleichsweise hohen Fahrkomfort – wichtig etwa beim Lebensmitteltransport.

2.3.2 Luftfederung

Als einzige Alternative zur Stahlfederung hat sich in den letzten Jahrzehnten nach langwieriger, umfassender Weiterentwicklung das konzeptionell einen anderen Ansatz verfolgende, wesentlich aufwendigere System der Luftfederung inzwischen für zahlreiche Einsatzprofile im Nutzfahrzeugbau fest etablieren können.

Dass Luft – wie andere Gase auch – über eine Kompressibilität verfügt, sich also durch Druck unter bestimmten Umständen verdichten lässt, machten sich schon in den 1950er-Jahren findige Automobilkonstrukteure zunutze, als sie nach Alternativen zur simplen Stahlfederung bei hochwertigen Pkw suchten. Ihr Ziel war es, durch den Einsatz von mit Luft gefüllten Gummi-Federbälgen statt stählernen Schrauben- oder Blattfedern eine wesentliche Verbesserung der Fahreigenschaften, vor allem des Federungskomforts, zu erreichen.

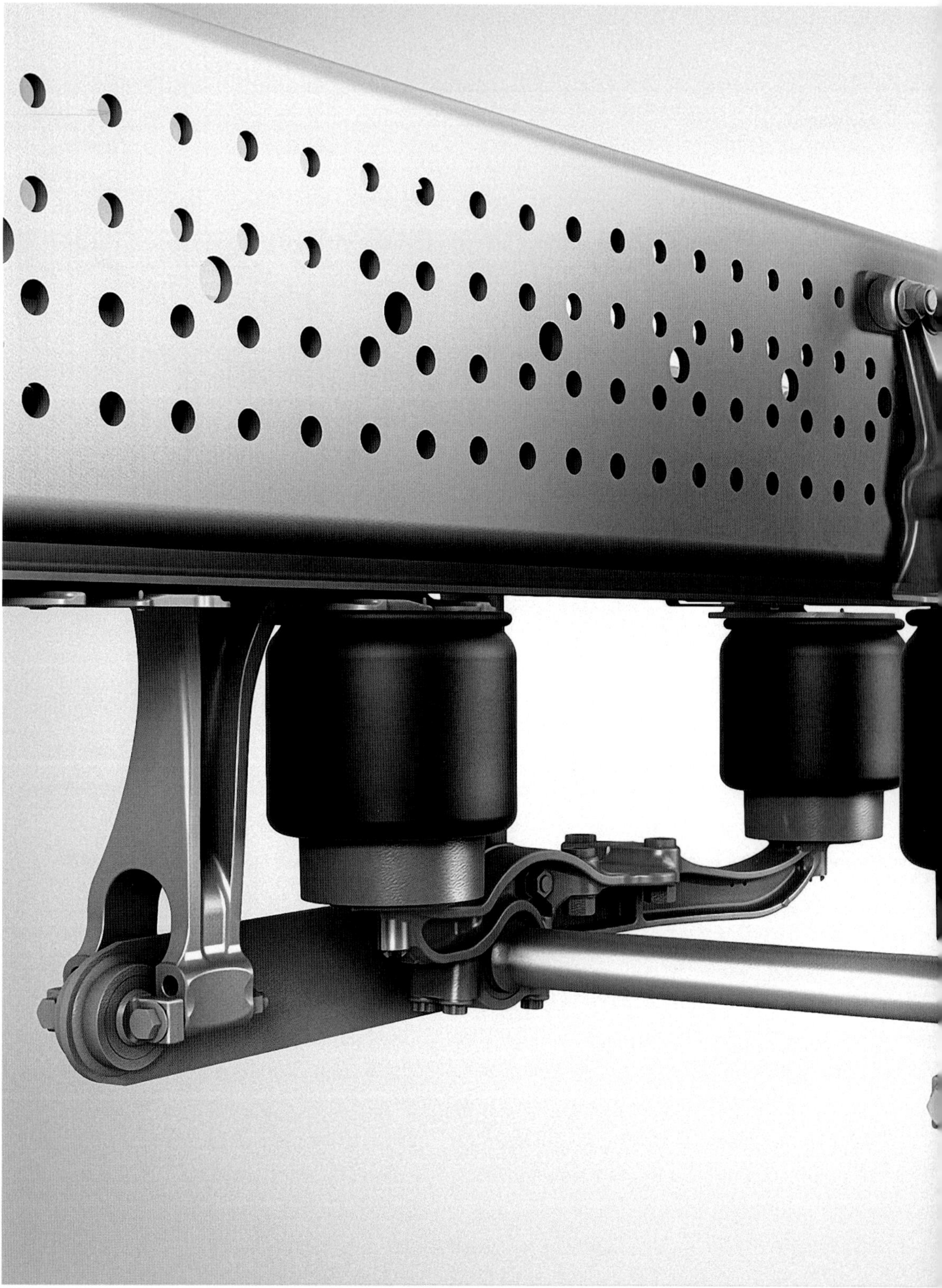

Die Umsetzung der an sich einfachen Funktionsidee in ein überzeugendes Luftfederungssystem gestaltete sich aber deutlich schwieriger als erwartet. Hinzu kam in Zeiten ohne elektronische Regelmöglichkeiten zum einen der besonders hohe Bau- und damit Kostenaufwand solcher Systeme und zum anderen die Tatsache, dass seinerzeit mit einer rein mechanischen Bauweise das Potenzial einer Luftfederung nur ansatzweise ausgeschöpft werden konnte. Bekanntestes Beispiel für den Einsatz einer Luftfederung im Pkw-Bereich war in den 1960er-Jahren die Repräsentationslimousine Mercedes-Benz 600. Auch heute noch sind die technisch inzwischen perfektionierten, elektronisch geregelten Luftfederungssysteme ausschließlich bei einzelnen Premium-Marken und dort nur in den gehobenen und oberen Pkw-Klassen verfügbar.

Während bei den Personenwagen primär Fahrdynamik- und Komfortaspekte für einen Einsatz von Luftfederungssystemen sprechen, sind deren technischen Vorteile bei Nutzfahrzeugen vielfältiger. Durch die bei einer Luftfederung gegebene Möglichkeit, die Vorspannung der Federelemente nach Erfordernis einzustellen, kann bei Lkw die

Auf den ersten Blick zu erkennen ist der wesentlich höhere Bauaufwand einer Luftfederung. Allerdings sind deren Vorteile im Transportwesen so groß, dass die heutigen ausgereiften Systeme trotz ihrer größeren Kosten immer weitere Verbreitung finden.

Höhe des Fahrzeugkörpers unabhängig von der jeweiligen Zuladung konstant gehalten werden – mit entsprechend positiven Auswirkungen auf das Kurvenfahrverhalten, etwa beim Wankwinkel des Aufbaus bei voller Beladung. Leichter fällt auch das Auf- und Absatteln von Aufliegern, wenn das Höhenniveau abgesenkt werden kann. In ähnlicher Weise profitieren Fahrgestelle für Wechselbehälter von einer Luftfederung, da ein veränderbares Höhenniveau hier enorme Produktivitätsvorteile bietet.

Besonders profitieren heutige Stadtomnibusse von Luftfederungssystemen. Durch das Entleeren der Federbälge an der in Fahrtrichtung rechten Fahrzeugseite neigt sich der Karosserieaufbau an Haltestellen zeitweise erheblich in Richtung Bordstein. Dank dieser sogenannten »Kneeling«-Funktion, vollzieht sich das Ein- und Aussteigen für Fahrgäste aufgrund der reduzierten Tritthöhe wesentlich komfortabler. Wenn die Federbälge entleert sind, stützen sich luftgefederte Omnibusse und Lkw übrigens auf zusätzliche Stahlfedern, die auch für den Fall eines schweren Defekts an der Druckluftanlage stets an Bord sein müssen.

Den großen Vorteilen von Luftfederungssystemen, wie zum Beispiel Variabilität, erhöhter Fahrkomfort und stabilere Fahreigenschaften, stehen allerdings auch einige Nachteile gegenüber. Zunächst kann keines der eingesetzten Systeme bei steigender Zuladung den ursprünglichen Federungs-

An diesem Lkw sind sowohl die Luftfederbälge wie die zur Radführung notwendige, vergleichsweise aufwendige Hinterachsaufhängung samt Stoßdämpfer sehr gut zu erkennen. Eine massive Blattfeder wäre hier die billigere, aber letztlich schlechtere Lösung.

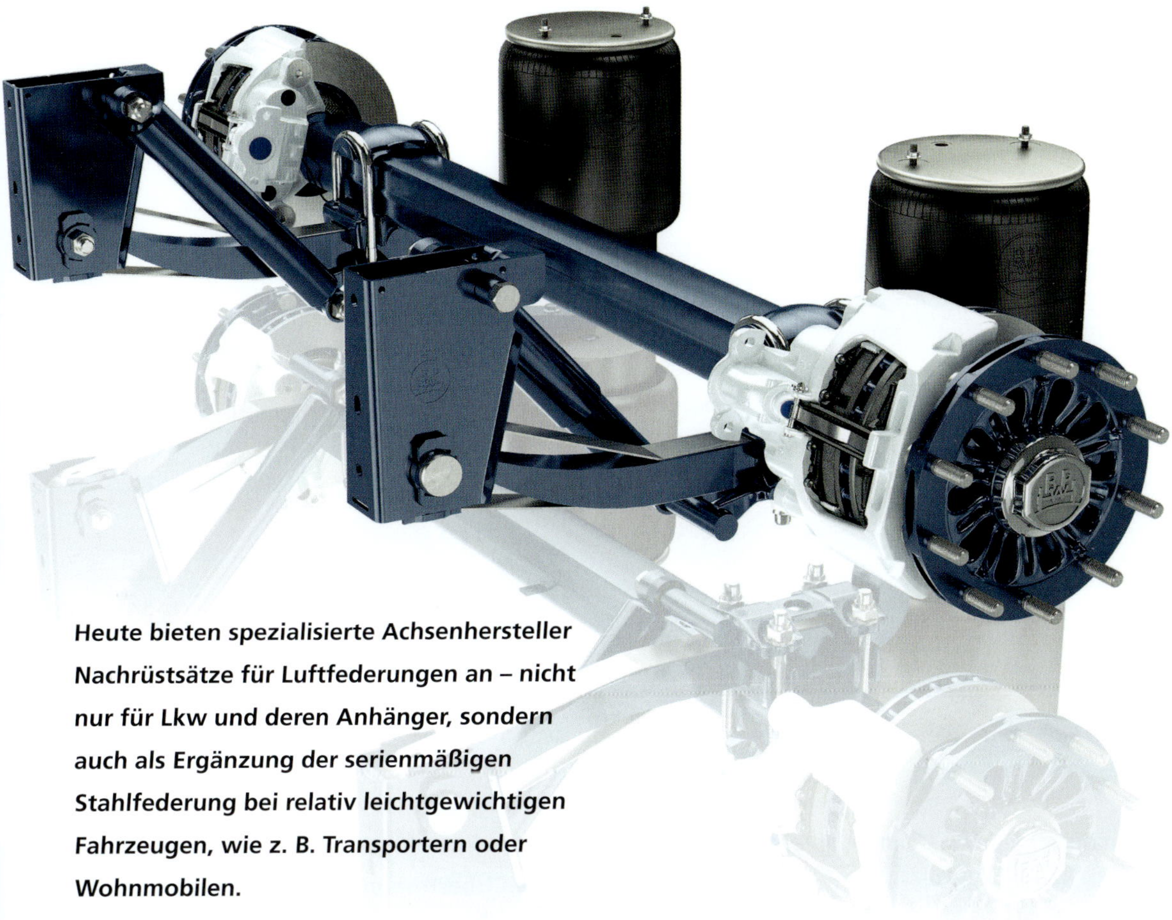

Heute bieten spezialisierte Achsenhersteller Nachrüstsätze für Luftfederungen an – nicht nur für Lkw und deren Anhänger, sondern auch als Ergänzung der serienmäßigen Stahlfederung bei relativ leichtgewichtigen Fahrzeugen, wie z. B. Transportern oder Wohnmobilen.

komfort beibehalten, vielmehr kommt es zu einer progressiven Verhärtung. Wenn bei voller Beladung die maximale Vorspannung eingestellt ist, um das Höhenniveau des Aufbaus konstant zu halten, beträgt der verbleibende Restfederweg gerade einmal 4 bis 6 Zentimeter – nicht viel mehr als bei konventioneller Stahlfederung. Ein weiteres Problem ist der auch beim Nutzfahrzeug hohe zusätzliche Bauaufwand. Zwar ersetzen die luftgefüllten Federbälge stählerne Federn – bis auf die vorgehaltenen Notlauffedern – komplett, aber der Wegfall von Blattfedern, die ja stets auch Radführungsaufgaben übernehmen, bedingt, da die Luftfederbälge nur die vertikale Abstützung gegen den Rahmen übernehmen, den Einbau einer aufwendigen und Zusatzkosten verursachenden Rad- oder Achsaufhängung. Zudem stellt weniger das Luftfederungssystem selbst als dessen moderne Regelelektronik im Nutzfahrzeugalltag eine zusätzliche potenzielle Fehlerquelle dar. Dennoch schreitet die Verbreitung von Luftfederungssystemen, vor allem bei schweren, nutzlastbetonten Lkw und im Omnibusbau, immer weiter voran. Heute verfügt bereits die Hälfte aller entsprechenden Neufahrzeuge über eine Luftfederung – Tendenz weiter steigend.

In dieser Grafik ist am Beispiel eines aktuellen Mercedes-Benz Atego sehr gut zu erkennen, wie wenig Platz das Lenkgetriebe und die zugehörigen Übertragungselemente einer Kugelumlauflenkung benötigen.

2.4 Lenksysteme

Bei Nutzfahrzeugen kommen im Allgemeinen drei Arten von Lenkanlagen zum Einsatz: die Vorderachslenkung, die Lenkung nicht angetriebener Hinterachsen – inklusive Vor- und Nachlaufachsen – sowie die Lenkung der Aufliegerachsen. Darüber hinaus existieren noch Sonderformen wie gelenkte Antriebsachsen, die aber Spezialfahrzeugen vorbehalten und nicht standardmäßig verfügbar sind.

2.4.1 Die Vorderachslenkung

Die Hauptbauteile der Vorderachslenkung als primäre Form sind das Lenkgetriebe, die Lenkwelle und die Lenkgelenke. Die Übertragung der Armkraft des Fahrers erfolgt über das Lenkrad und die Lenksäule direkt auf das Lenkgetriebe.

Schon seit der Frühzeit des Automobilismus sind die Lenkungen in Pkw und Lkw zur Erzeugung der Schwenkbewegung auf die Vorderräder fast ausnahmslos als Achsschen-

Mit ihrer sich durch geringen Raumbedarf auszeichnenden, robusten Bauart haben sich Kugelumlauflenkungen seit vielen Jahrzehnten für die Einsatzprofile von Nutzfahrzeugen bestens bewährt.

kellenkung ausgelegt, das heißt, jedes Vorderrad hat eine eigene Schwenkachse. Die für den Lenkvorgang nötigen Bedienkräfte und damit die körperliche Beanspruchung des Fahrpersonals waren dabei seit jeher ein wichtiges Thema, das aber im Nutzfahrzeugbau Jahrzehnte lang nicht genügend Beachtung fand. Bis weit in die 1960er-Jahre hinein mussten sich zahlreiche Lkw-Fahrer insbesondere bei Rangiervorgängen mit wenig bedienungsfreundlichen, dazu indirekt übersetzten Lenkungen abmühen. Erst danach wurden Hilfskraftlenkanlagen allmählich zur Regelausstattung.

2.4.1.1 Kugelumlauflenkung

Die grundsätzliche Bauart von Nutzfahrzeuglenkungen hat sich seit Jahrzehnten nicht verändert. Standard ist seit jeher die Kugelumlauflenkung – auch Kugelmutterlenkung genannt –, die im Pkw-Bau wegen mancher fahrdynamischen Unzulänglichkeiten inzwischen zum alten Eisen gehört. Bei Nutzfahrzeugen sind solche Erwägungen aber von nur geringer Bedeutung – hier zählen höchste Beanspruchbarkeit und geringer Platzbedarf, und in vergangenen Zeiten, als eine hydraulische Lenkkraftunterstützung noch unüblich war, auch die prinzipbedingte relative Leichtgängigkeit der Kugelumlauflenkung. Ihr Funktionsprinzip ist etwas komplex: Die im Lenkgetriebe horizontal liegende Lenkwelle ist an ihrem Ende mit einer nach Art einer Spindel von außen eingefrästen gewindeartigen Bahn versehen, in der sich Kugeln befinden. Diese wiederum verbinden die Lenkwelle – aus naheliegenden Gründen auch Lenkspindel genannt – mit der sogenannten Kugelmutter, die mit ihren Zähnen den Lenkstockhebel über ein weiteres Übertragungsglied, den Lenkhebel, und damit letztlich die Räder, in eine Schwenkbewegung versetzt.

Heute kommt die Kugelumlauflenkung ausschließlich in Kombination mit einer Hydraulikpumpe zur Lenkkraftunterstützung zum Einsatz, um den erforderlichen Kraftaufwand beim Lenkeinsatz deutlich zu reduzieren. Als modernste Form werden hier mittlerweile elektrisch gesteuerte Lenkhilfen verwendet, die die Lenkkraftunterstützung geschwindigkeitsabhängig regeln.

2.4.1.2 Zahnstangenlenkung

Die beim Pkw längst übliche Zahnstangenlenkung dringt seit jüngerer Zeit vereinzelt auch in den Lkw-Bereich vor, und zwar bei den noch relativ wenigen Lastwagen mit vorderer Einzelradaufhängung. Deren ohnehin verbesserte Spurführung wird durch die größere Präzision und Direktheit einer Zahnstangenlenkung noch unterstützt. Weitere Vorteile dieser Lenkungsbauart gegenüber der Kugelumlauflenkung sind der geringere mechanische Verschleiß durch weniger Übertragungselemente sowie ein entsprechend geringeres Gewicht. Dies führt auch zu reduziertem Reifenverschleiß und besserem Fahrkomfort.

Wesentlich simpler als das der Kugelumlauflenkung ist zudem das Funktionsprinzip einer Zahnstangenlenkung. Am unteren Ende der direkt mit dem Lenkrad verbundenen Lenksäule befindet sich ein Ritzel, das spielfrei in die horizontal liegende Zahnstange greift. Durch Drehen am Lenkrad wird die Zahnstange nach links oder rechts verschoben. Der Lenkimpuls wird dann an die Spurstangen weitergegeben, die über Gelenke an den Enden der Zahnstange angebracht sind. Diese wiederum geben den Impuls über ein weiteres Übertragungselement, die Spurhebel, an die Vorderräder weiter. Hydraulische oder, neuerdings auch hier, elektrische Lenkkraftunterstützung gehören bei Lkw-Zahnstangenlenkungen zur Grundausstattung.

2.4.1.3 Zweikreislenkung

Sowohl im Pkw- wie im Nutzfahrzeugbau sind sogenannte Zweikreisbremsanlagen seit vielen Jahrzehnten eine elementare Sicherheitsausstattung, deren Einbau der Gesetzgeber verbindlich vorschreibt. Ganz ähnlich verhält es sich in Fall der Zweikreislenkung – eine Technik, die ausschließlich bei Schwer-Lkw zum Tragen kommt, die mit mehreren Lenkachsen ausgestattet sind und entsprechend hohe Achslasten aufweisen.

Bei der Zweikreislenkung im Schwerlastwagenbau steht weniger die Fahrsicherheit im Fokus als vielmehr die Gewährleistung der Lenkbarkeit des Fahrzeugs, auch wenn der Motor, vor allem im Fall eines Defekts, nicht mehr funktionstüchtig ist. Schließlich muss ein nicht mehr fahrfähiger, mit zwei vorderen Lenkachsen ausgestatteter Lkw – sei es mit oder ohne Beladung – geborgen werden können, und das geht nur, wenn die Lenkung noch intakt ist.

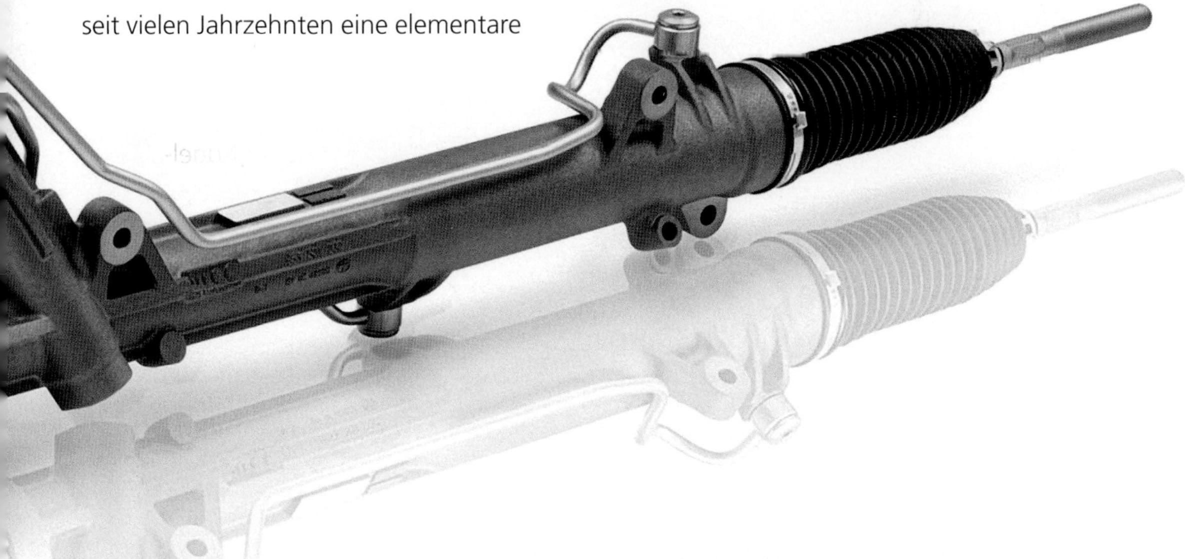

Diese Zahnstangen-Lenkanlage von Bosch verdeutlicht, wie einfach der technische Aufbau dieser Lenkungs-Bauart ist. Im horizontalen Gehäuse befindet sich die Zahnstange, in die das Ritzel am unteren Ende der von oben kommenden Lenksäule spielfrei eingreift.

In ihrem technischen Aufbau ähnelt eine Zweikreislenkung stark den bei Nutzfahrzeugen noch weithin eingesetzten normalen Kugelumlauf- bzw. Kugelmutterlenkungen. Wesentliches Unterscheidungskriterium gegenüber diesen ist die Ausstattung mit einer oder zwei zusätzlichen hydraulischen Lenkpumpen. Da eine der bis zu insgesamt drei Lenkpumpen nicht motor-, sondern fahrabhängig arbeitet, bleibt die Lenkbarkeit des Fahrzeugs auch bei Motorstillstand gesichert.

Das funktionale Konzept einer Zweikreislenkung, das heißt das Zusammenspiel der zusätzlichen Lenkpumpe(n), kann im Folgenden am Beispiel einer Auslegung mit insgesamt drei solcher Pumpen verdeutlicht werden: Beim Einschlagen der Räder wird der 1. Lenkungskreis zunächst von der motorabhängigen 1. Lenkpumpe mit Drucköl versorgt, das im Ölvorratsbehälter für den 1. Lenkungskreis vorgehalten wird. Dann gelangt das Öl, gesteuert von einem dafür zuständigen Ventil, das in Abhängigkeit

Der Einsatz von Zweikreislenkungen ist für Lastwagen mit mehr als einer gelenkten Vorderachse wie dem abgebildeten Mercedes-Benz Arocs gesetzlich vorgeschrieben. Zu finden sind sie vor allem bei schweren Baulastern.

von einem definierten Ölvolumen arbeitet, über das 1. Steuerventil zum Lenkgetriebe und zu einem parallel geschalteten hydraulischen Arbeitszylinder. Die fahrabhängig ausgelegte 2. Lenkungspumpe fördert gleichzeitig Drucköl zum Ölvorratsbehälter des 1. Lenkungskreises, verrichtet dabei aber keine Arbeit. Im 2. Lenkungskreis wiederum kommt das Drucköl über die motorgetriebene 3. Lenkungspumpe zu einem in Reihe geschalteten Arbeitszylinder.

Wenn nun der Motor des Lkw ausgefallen ist, verrichtet nur noch

Die neueste Generation des Zweikreislenksystems Bosch Servotwin kombiniert eine Kugelmutterhydrolenkung mit einer elektronischen Antriebs- und Steuereinheit, die unter anderem sämtliche Hydraulik-Komponenten eines zweiten Lenkkreises überflüssig macht.

der 1. Lenkungskreis seine Arbeit: Da die 1. Lenkpumpe nicht mehr mit Drucköl versorgt wird, gelangt nun das Drucköl der fahrabhängigen 2. Lenkpumpe über ein Zuschaltventil zum Steuerventil des 1. Lenkungskreises und hält so die Bedienbarkeit der Lenkanlage aufrecht. Dabei bleibt der 2. Lenkungskreis ebenfalls ohne Druckölversorgung. Das Fahrpersonal des Lkw wird per Kontrollleuchte am Armaturenbrett über eventuelle Fehlfunktionen des Systems informiert.

2.4.1.4 Volvo Dynamic Steering

Als der schwedische Nutzfahrzeughersteller Volvo Trucks 2013 seine neue Lenktechnologie namens »Volvo Dynamic Steering«, kurz VDS, einführte, war das Aufsehen in der internationalen Fachwelt groß. Volvo versprach, dass das innovative Assistenzsystem die Lenkarbeit des Fahrpersonals reduzieren und darüber hinaus wesentliche Elemente der Fahrzeugbeherrschung revolutionieren würde. Täglich auftretende, sicherheitsrelevante Fahrsituationen, wie durch Spurrillen, Schlaglöcher oder Fahrbahnmarkierungen verursachtes leichtes Gegenlenken bei Geradeausfahrt oder

Ein elektronisch vom Steuergerät geregelter Elektromotor, der direkt am Lenkgetriebe positioniert ist, gleicht 2000 Mal in der Sekunde interne wie externe Einflüsse auf die Lenkung sowie die potenziell daraus entstehende Unruhe im Fahrverhalten des Lkw aus.

GLOBETROTTER
YJU 963

Kurskorrekturen nach dem Bremsen auf unebenem Untergrund, auf Fahrbahnoberflächen mit unterschiedlichen Reibwerten oder verursacht durch Seitenwindeffekte, sollten dank VDS endgültig der Vergangenheit angehören. Lenkimpulse sollten nur noch dann gegeben werden, wenn eine Richtungsänderung tatsächlich beabsichtigt war.

Um dieses ambitionierte Ziel zu erreichen, setzte Volvo ein intelligentes Technikkonzept um. Man bediente sich zunächst einer konventionellen mechanischen Lenkung, bei der eine Lenkspindel mit einem Lenkgetriebe verbunden ist. Dabei sorgte wie üblich eine hydraulische Servoeinheit für ausreichende Lenkkraftunterstützung. Beim VDS kam nun ein elektronisch gesteuerter Elektromotor

hinzu, der am Lenkgetriebe montiert und direkt mit der Lenkspindel verbunden ist. Dieser Elektromotor arbeitet im Zusammenwirken mit der Servolenkung und wird 2000 Mal in der Sekunde durch das elektronische Steuergerät angesteuert. Die hierbei an die Lenkung übermittelten Daten basieren auf Eingangssignalen, die das Steuergerät fortwährend von verschiedenen am Fahrzeug vorhandenen Sensoren erhält und aus denen es die Bewegungsrichtung des Fahrzeugs und die jeweilige Absicht des Fahrers erkennen kann. Der mit diesen Informationen gefütterte Elektromotor korrigiert nun nicht nur unabsichtliche und durch Fahrbahneinflüsse hervorgerufene Lenkbewegungen, sondern stellt bei Bedarf, vor allem im unteren Geschwindigkeitsbereich, auch zusätzliche Lenkkraft bereit.

Auf diese Weise stellt das VDS-System nicht nur einen stabilen Geradeauslauf bei hoher Geschwindigkeit sicher, sondern sorgt bei langsamer Fahrt auf normalen Straßen auch für eine Reduzierung des zum Lenken benötigten Kraftaufwands um rund 75 %, auf unebenen Straßen sogar um bis zu 100 %. Gleiches gilt für Rangiermanöver im Rückwärtsgang mit vollbeladenem Lkw, einer der schwierigsten und anspruchsvollsten Aufgaben für das Fahrpersonal. Die hierbei gegebene, besonders leichte Bedienbarkeit der Lenkung sowie die automatische Lenkradrückstellung in die Mittellage verringert zudem nachhaltig die körperliche Belastung.

Um Schleudertendenzen des Lkw frühzeitig entgegenzuwirken, geben verschiedene Sensoren, die wichtige Fahrparameter registrieren, ihre Daten an das Steuergerät weiter. Dort werden sie mit den Informationen des VDS verknüpft.

In der aktuellsten Version ist das VDS-System mit dem Spurhalteassistenten vernetzt und unterstützt durch behutsamen Lenkeingriff den Fahrer bei Kurskorrekturen, die beispielsweise aufgrund von Seitenwindeinflüssen nötig werden.

In der neuesten, für alle Achskonfigurationen lieferbaren Ausbaustufe des Volvo Dynamic Steering Systems ist die elektrisch unterstützte und angesteuerte Servolenkung mit dem Spurhalteassistenten und dem elektronischen Stabilitätsprogramm ESP verknüpft. Zusätzliche Sensoren ermitteln nun Giermoment, Lenkwinkel und Raddrehzahl. Erkennt das System Schleudertendenzen, erzeugt das ESP-Steuergerät durch gezielten Bremseingriff an einzelnen Rädern einen Gegenimpuls. Dieser wird durch das VDS ergänzt, das sofort behutsam in die Lenkung eingreift und den Fahrer bei Gegenlenk-Maßnahmen unterstützt, um das Fahrzeug wieder zu stabilisieren – lange bevor sich eine echte Gefahrensituation ergibt. Die Vernetzung mit dem Spurhalteassistenten verringert darüber hinaus das Risiko von Unfällen, bei denen sich der Lkw überschlägt oder mit anderen Fahrzeugen kollidiert. Nähert sich der Lkw versehentlich der Fahrspurmarkierung, greift das System kaum wahrnehmbar in die Lenkung ein und hilft dabei, das Fahrzeug wieder auf Kurs zu bringen.

Eines der nutzerfreundlichen Merkmale des VDS-Systems ist zudem, dass der Lenkkraftaufwand individuell auf die Vorlieben des Fahrpersonals und die jeweiligen Fahrbedingungen justierbar ist.

2.4.2
Die Hinterachslenkung

Insbesondere für schwere Zugmaschinen, Baulaster und Lkw mit besonders gewichtigen Aufbauten gehört eine lenkbare Hinterachse zu den unverzichtbaren Ausstattungsmerkmalen. Vor allem, wenn solche Fahrzeuge mit langem Radstand ausgestattet sind und über eine hintere Doppelachse verfügen, sorgt eine zusätzli-

che hintere Lenkachse für ein verbessertes Fahrverhalten speziell bei Kurvenfahrt, für einen geringeren Reifenverschleiß und eine deutliche Erhöhung der Wendigkeit und Beweglichkeit, was beispielsweise im Fall schwerer Feuerwehr-, Abfallsammel- oder Rohrreinigungsfahrzeuge wünschenswert ist. Auch kommt es zu einer materialschonenden Reduzierung der Achsbelastung.

Grundsätzlich können Vorlauf- oder Nachlaufachsen lenkbar ausgeführt sein, wobei die genannten Vorteile im Wesentlichen für beide Bauarten gelten. Ein Unterschied besteht jedoch in der technischen Auslegung solcher Zusatzachsen: Während es für beide Bauformen fast ausschließlich mechanisch-hydraulisch arbeitende Lenksysteme gibt, die allerdings nur eingesetzt werden können, wenn die Achsen nicht angetrieben sind, existieren sowohl für nicht angetriebene wie für angetriebene Nachlaufachsen besonders moderne, elektronisch gesteuerte hintere Lenkachsen. Diese zeichnen sich durch eine erheblich präzisere Funktionalität und vor allem einen deutlich reduzierten Energieverbrauch gegenüber einem mechanisch-hydraulischen System aus – sprich: ein elektronisches System führt zu einem geringeren Kraftstoffverbrauch und damit zu günstigeren Betriebskosten.

Die am weitesten verbreitete Bauform einer Lenkanlage für eine nichtangetriebene Vorlaufachse ist die rein mechanische. Vom Lenkgetriebe ausgehend werden über einen Lenkstockhebel zumeist zwei Richtung Vorlaufachse führende Lenkschubstangen betätigt, die durch einen fest am Fahrzeugrahmen angebrachten Lenkzwischenhebel miteinander verbunden sind und die Lenkbewegungen der Vorderachse übertragen. Über einen weiteren Lenkzwischenhebel und eine Spurstange werden diese an die einfach bereifte Vorlaufachse weitergegeben, deren Räder dann im entsprechenden Winkel einschlagen. Trotz einiger zusätzlichen Gelenke und langer Übertragungswege hat sich dieses System seit vielen Jahrzehnten im Alltagsbetrieb bestens bewährt.

Auch bei Baulastern mit hoher Nutzlast oder schweren Aufbauten gehört eine lenkbare Nachlaufachse häufig zur technischen Spezifikation. Sie bietet neben größerer Beweglichkeit vor allem eine dank erhöhter Seitenkräfte optimierte Fahrstabilität.

Gelenkte Nachlaufachse an einem Mercedes-Benz Axor Verteilerfahrzeug.

Soll eine nicht angetriebene Nachlaufachse lenkbar ausgeführt sein, so ist vor allem aufgrund des noch längeren Übertragungswegs und dabei immer weiter abnehmender Lenkpräzision keine mechanische, sondern eine hydraulisch gesteuerte Hinterachslenkanlage die bevorzugte technische Lösung. Hierbei wird von der Vorderachslenkung über einen hydraulischen Geberzylinder und entsprechende Hochdruckleitungen bei einer Lenkbewegung Hydrauliköl an einen Zentrierzylinder an der Nachlaufachse gepumpt. Auf diese Weise, technisch korrekt ausgedrückt: hydrostatisch, wird der Lenkimpuls vom Fahrerhaus auf die Räder der Nachlaufachse übertragen. Der Fahrzeughersteller definiert dabei die optimale Übersetzungsrate des Lenkwinkels an der Hinterachse mithilfe unterschiedlich langer Lenkhebel. Üblicherweise werden solche Lenksysteme für Nachlaufachsen ab Geschwindigkeiten von 40 bis 60 km/h gesperrt, um optimale Fahrstabilität zu garantieren. Inzwischen bedient sich die technisch aktuellste Ausführung der gelenkten Vorlauf- oder Nachlaufachse modernster Steuerungselektronik, die über eine CAN-Bus-Anbindung mit der restlichen Fahrzeugelektronik vernetzt ist. Diese ermöglicht, je nach Betriebssituation, ein gegen- oder ein gleichsinniges Einschlagen der Räder der hinteren Nachlaufachse, um zum Beispiel auf engstem Raum Rangiermanöver durchführen zu können.

2.5 Die Bremsen

Die in den 1920er-Jahren eingeführte Druckluftbremse für Motorwagen und Anhänger ist bis heute die Standardtechnologie im Lkw-Bau. Vor allem der Einzug der Elektronik hat hier über die letzten Jahrzehnte aber für wesentliche Verbesserungen in puncto Wirksamkeit, Dauerbelastbarkeit und Betätigungsaufwand gesorgt.

2.5.1 Betriebsbremse

Der limitierende Faktor bei Lkw-Bremsen ist stets das hohe Fahrzeuggewicht. Es sorgt in Fahrsituationen wie zum Beispiel längeren Bergabpassagen dafür, dass die Standardbremsanlage, im Nutzfahrzeug Betriebsbremse genannt, ihre konzeptionellen und konstruktiven Grenzen erreicht. Ein Systemnachteil der reinen Druckluftbremse ist der Zeitverzug zwischen Betätigen des Bremspedals bis zum Ansprechen der letzten Bremszylinder am Anhänger und die Länge der

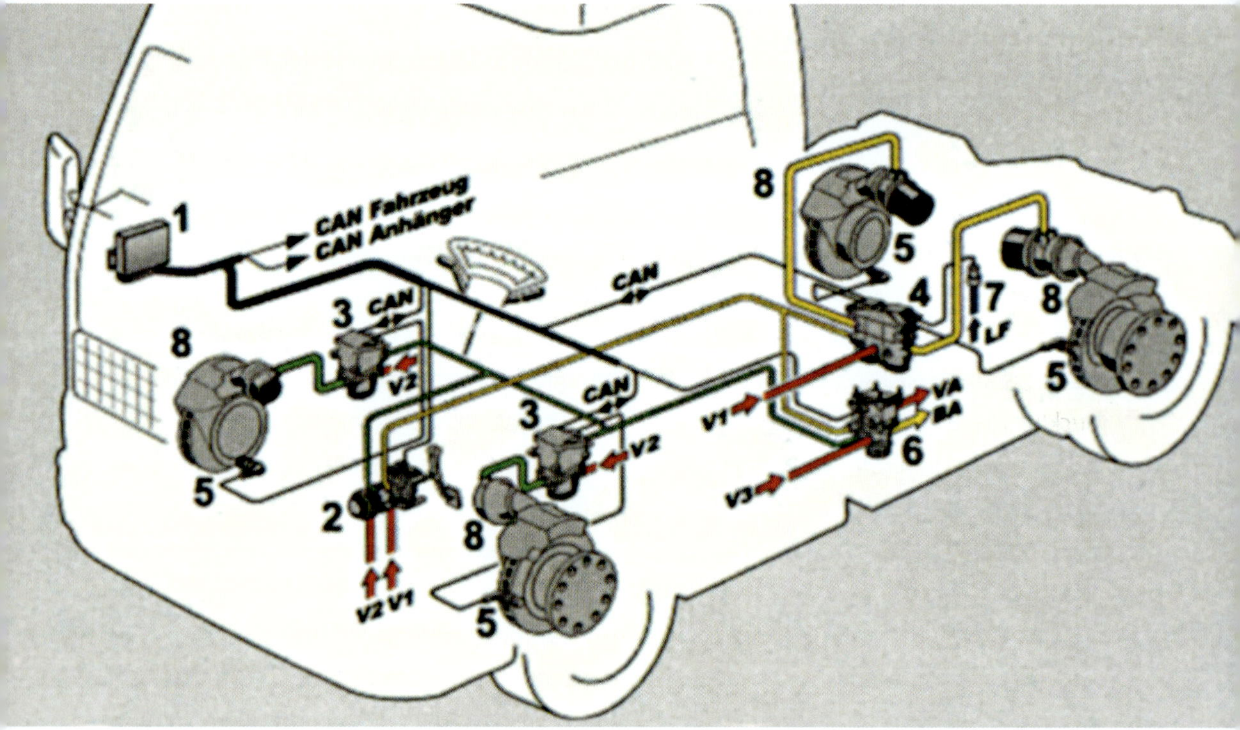

Aufbau und Komponenten eines elektronischen Bremssystems. Druckluftvorrat (rot), Bremskreis 1 (gelb), Bremskreis 2 (grün), elektrische Leitungen (schwarz); Bezeichnungen des Elektronischen Bremssystems EBS: 1. Elektronisches Steuergerät, 2. Fußbremsmodul; 4. Druckregelmodul; 5. Sensoren zur Erfassung der Raddrehzahlen, 6. Sensoren zur Erfassung des Bremsbelagverschleißes, 7. Anhängersteuermodul zur Bremsabstimmung zwischen Zugwagen und Anhänger, 8. Lastsensor zur Erfassung der Achslast an der Hinterachse

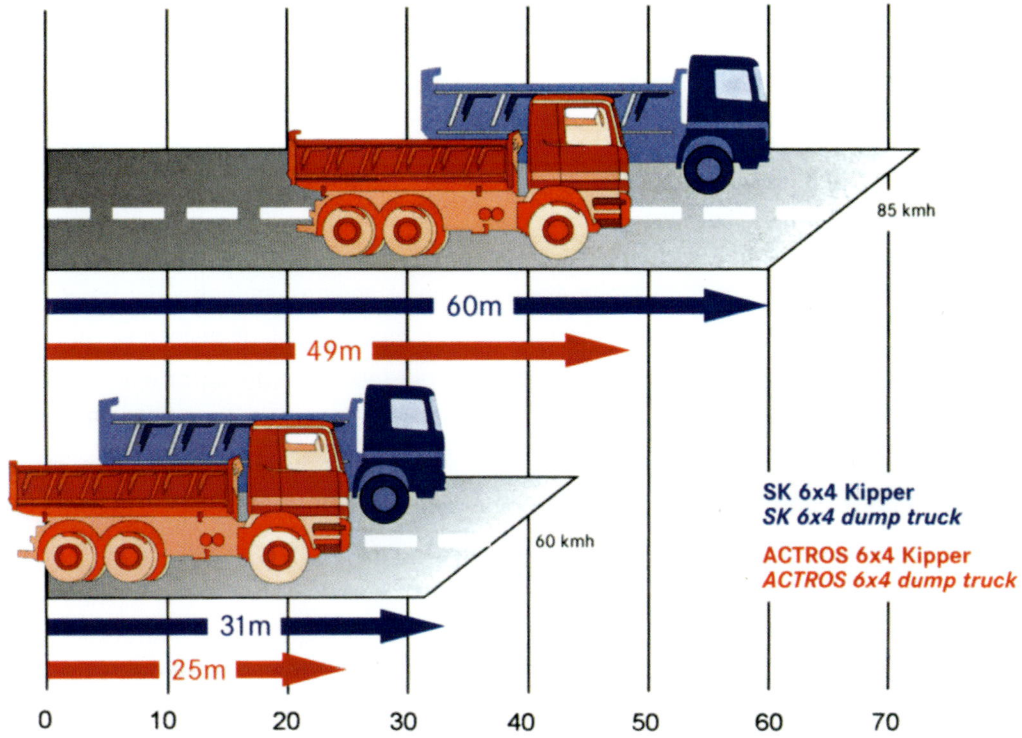

So verkürzt sich der Bremsweg eines mit EBS ausgerüsteten Lkw im Vergleich zur Vorgängergeneration mit konventionellem Bremssystem.

Luftleitungen. Dieser wird vermieden, wenn die Druckluftbremse elektrisch angesteuert wird und die Druckluft nur dort auftritt, wo die Bremskraft gebraucht wird, nämlich an den Rädern. In diesem Fall werden die langen Druckleitungen bis ins Fahrerhaus nicht benötigt. Die Ausrüstung der Lastkraftwagen mit diesem elektronischen Bremssystem (EBS) führt durch die kürzere Ansprechzeit zu verkürzten Bremswegen, weil der Druckaufbau in allen Bremszylindern zeitgleich erfolgt. Das EBS arbeitet in der Regel mit Scheibenbremsen an den Rädern und kann durch seinen modularen Aufbau an alle gängigen Achs- und Radanordnungen angepasst werden.

Das Betätigen des Bremspedals oder Fußbremsmoduls leitet den Bremsvorgang mit EBS ein. Das Zentralsteuergerät steuert die Elektronik in den Druckregelmodulen an und schaltet ihre Magnetventile, aktiviert die ABS-Funktion und verarbeitet die Signale der Drehzahl- und Belagsensoren an den Achsen. Das Anhängersteuermodul regelt den Druck in der Bremsanlage des Anhängers oder Trailers und sorgt für die Stabilität des Zuges. Der zweite Bremskreis sichert bei Ausfall des EBS die Funktion der Bremsanlage. Die seit einigen Jahren eingeführten Bremsassistenzsysteme greifen aktiv, also unabhängig vom Fahrpersonal in dieses EBS ein.

2.5.2
Dauerbremse

Für extrem beanspruchende Fahrsituationen, wie etwa längere Bergabfahrten mit voller Beladung, muss die Betriebsbremse durch eine verschleißfreie Dauerbremse entlastet werden, um ein Überhitzen der Radbremsen zu vermeiden. Schon vor über 25 Jahren hat der Gesetzgeber für Lkw über 9 t sowie für Busse über 5,5 t zulässiger Gesamtmasse die obligatorische Ausstattung mit einer Dauerbremse vorgeschrieben, die eine zusätzliche Bremsleistung garantiert, ohne dass Beladungs- und Streckenbedingungen eine Rolle spielen. Dank dieser Bestimmung ist es inzwischen gelungen, das immer wieder dramatische Unfallgeschehen infolge von Bremsfading oder gar dem Komplettausfall der Bremsanlage fast vollständig zu beseitigen.

Etabliert haben sich mehrere technische Systeme der Dauerbremse, die den genannten gesetzlichen Forderungen entsprechen. Dabei unterscheidet man entsprechend ihrer unterschiedlichen Funktionalität zwischen Motorstaubremsen und sogenannten Retardern. Letztere teilen sich nach ihren Wirkungsprinzipien noch einmal in die hydrodynamische und elektrodynamische Bauart auf. Die auch als Strömungsbremse bezeichnete hydrodynamisch wirkende Variante des Retarders wurde von der in Heidenheim an der Brenz ansässigen Firma Voith entwickelt.

Das 1968 erstmals in Bussen eingesetzte System bedient sich einer Art Flüssigkeitskupplung auf der Antriebswelle und wandelt die mechanische Energie der in der Kupplung befindlichen Hydraulikflüssigkeit in thermische Energie um. Im Einzelnen stehen sich dabei zwei Schaufelräder einander gegenüber, wobei der bewegliche Rotor mit der Gelenkwelle des Fahrzeugs und der feststehende Stator mit dem Retardergehäuse verbunden ist. Wenn der Retarder aktiviert wird – üblicherweise mittels des Bremspedals, über einen gesonderten Lenkradhebel oder, in der neuesten Fahrzeuggeneration, über das elektronische Bremsenmanagement –, gelangt Hydraulikflüssigkeit in den zwischen den Schaufelrädern bestehenden Arbeitsraum. In der Folge versetzt der Rotor die Flüssigkeit ebenfalls in eine Drehbewegung und beschleunigt diese. Mit der Beschleunigung wird die Hydraulikflüssigkeit zentrifugal nach außen gedrückt und durch die Form der Rotorschaufeln in den Stator transportiert. Der feststehende Stator bremst die Hydraulikflüssigkeit wieder ab, die in einem Kreislauf erneut dem Rotor zugeführt wird. Dieser permanent stattfindende Prozess verzögert den Rotor und damit die Gelenkwelle des Fahrzeugs – es wird also abgebremst. Die dabei entstehende Reibungswärme wird durch die Wasserkühlung des Fahrzeugs abgeleitet.

Ob auf Baustellen oder bei langen Gefällstrecken: Retarder entlasten als verschleißfreie Dauerbremse nachhaltig die Betriebsbremse eines Lkw oder eines Omnibusses.

Diese technische Lösung erlaubt fadingfreie und quasi verschleißfreie Bremsleistungen auch auf langanhaltenden Gefällstrecken oder bei anderen für die Betriebsbremse kritischen Einsatzsituationen. So leicht und kompakt die Baueinheit eines Retarders auch ist, so eindrucksvoll fällt dessen Bremsleitung aus, die bei modernen Ausführungen bis um die 700 kW betragen kann. Je nach Unterbringung des Retarders im Antriebsstrang unterscheidet man übrigens zwischen Primär- und Sekundär-Retardern: Erstere sind zwischen Motor und Getriebe, Letztere nach dem Getriebe angeordnet.

Elektrodynamische Retarder bedienen sich statt einer Flüssigkeit eines elektrisch aktivierten Magnetfelds als Verzögerungsmedium. Der auch als Wirbelstrombremse bekannte elektrodynamische Retarder ist kompakt, leicht und nachrüstbar. Er ist nicht direkt an der Motor-/Getriebe-Einheit positioniert, sondern in der Gelenk- bzw. Kardanwelle zwischengeschaltet. Der für den Aufbau des Magnetfeldes zuständige Stator ist im Rahmen des Fahrzeugs befestigt und besteht aus einer Scheibe mit acht Eisenkernen auf jeder Seite, auf denen die Erregerspulen befestigt sind. Bei Aktivierung des Retarders fließt, elektronisch gesteuert, Strom aus der Bordbatterie des Fahrzeugs an den Stator, wo ein Magnetfeld erzeugt wird, durch das die beiden mit der Kardanwelle verbundenen Rotoren laufen. Gemäß den Gesetzen der Elektrodynamik werden die Rotoren dort in eine entgegengerichtete

Trotz seiner kompakten Dimensionen und eines Gewichts von nur knapp 60 kg erreicht dieser mittelgroße Retarder von Voith ein Bremsmoment von gewaltigen 2000 Nm.

Elektrodynamische Retarder sind nachrüstbar und werden direkt in die Gelenk- bzw. Kardanwelle des betreffenden Fahrzeugs integriert.

Drehbewegung gezwungen, wodurch sich ein Bremsmoment ergibt, das über die Hinterachse an die Antriebsräder gelangt.

Das Einsatzspektrum elektrodynamischer Retarder reicht von Wohnmobilen bis zu Schwer-Lkw. Sie sind vollständig wartungsfrei, wegen ihrer geringen Einbaumaße flexibel einzusetzen und mit elektronischen Sicherheitssystemen wie ABS kompatibel. Außerdem arbeiten sie unabhängig vom fahrzeugeigenen Kühlkreislauf.

Eine andere Spielart der Dauerbremse ist die sogenannte »Turbobrake«, die verschiedene Lkw-Hersteller in ihren entsprechenden Fahrzeugen einsetzen. Die Turbobrake gehört dabei zur Gruppe der Motorstaubremsen, da sie als Primär-Dauerbremse direkt auf das Antriebsaggregat des Lastwagens wirkt. Ihre Wirkung ist drehzahlabhängig, was eine geeignete Gangwahl unvermeidlich macht. Da die volle Bremswirkung also im oberen Drehzahlbereich entfaltet wird, muss darauf geachtet werden, zum Beispiel auf Bergabstrecken im niedrigen Gang, mit hoher Drehzahl und geringer Geschwindigkeit unterwegs zu sein.

Um die Funktionalität einer Motorbremse zu erreichen, gehen zwei der wichtigsten Hauptvertreter dieser Technologie unterschiedliche konstruktive Wege. Bei Mercedes-Benz ist das Hauptbauteil der Turbobrake in den Turbolader integriert. Dort ist eine

S LT 4163
MORSCHHÄUSER

axial verschiebbare Hülse, das sogenannte Turbinenleitgitter, integriert. Es wird bei erhöhtem Verzögerungsbedarf pneumatisch über das Turbinenrad geschoben, wodurch sich die Drehzahl des Turboladers erhöht und der Ladedruck ansteigt. Dieser Effekt wiederum erzeugt einen gewissen Gegendruck, der dafür sorgt, dass die Motordrehzahl reduziert wird. Bei Mercedes-Benz kommt die Turbobrake nur in Verbindung mit der Konstantdrossel zum Einsatz, einem zusätzlichen kleinen (Dekompressions-)Ventil im Zylinderkopf, das sich öffnet, wenn – etwa beim Bremsvorgang – der Ladungswechsel und der Vorgang des Verdichtens und anschließenden Expandierens in jedem Zylinder verlangsamt werden soll. Die Kombination aus Turbobrake und Konstantdrossel macht das Gesamtsystem sehr effizient.

Die Turbobrake, die IVECO heute in seinen schweren Lkw einsetzt, unterscheidet sich von der Mercedes-Benz Konstruktion durch den Verzicht auf eine zusätzliche Konstantdrossel. Statt ein zusätzliches Dekompressionsventil zu aktivieren, werden bei den großen IVECO-Turbomotoren am Ende der Kompressionsphase in jedem Zylinder beide

Vor allem hohe Gewichtsbelastung, wie sie dieser Mercedes-Benz Actros SLT als Schwerlast-Lkw tragen kann, überfordert die Betriebsbremse schnell – besonders wenn die Fahrstrecke auch Gefällpassagen aufweist. Die Turbobrake bringt hier verlässlich optimale Bremswirkung.

IVECO setzt zum Beispiel bei den schweren Fernverkehrs-Lkw der Baureihe Stralis seine auf mechanischer Aktivierung basierende Turbobrake-Konstruktion ein. Das System kommt ohne zusätzliches Dekompressionsventil im Zylinderkopf aus und ist dennoch hocheffizient.

regulären Auslassventile kurz über einen elektro-hydraulisch gesteuerten Mechanismus geöffnet. Dadurch kann die komprimierte, heiße Luft einfach über den Abgastrakt entweichen. Auf diese Weise wird verhindert, dass der Kolben im Arbeitstakt wieder beschleunigt wird. Stattdessen wird die Arbeit, die der Motor verrichten musste, um die Luft zu komprimieren, weitgehend vernichtet und quasi komplett in Bremsleistung umgewandelt. Verstärkt wird dieser Effekt bei den IVECO-Motoren durch den Abgasturbolader mit variabler Turbinengeometrie (VTG). Die Vorteile der Turbobrake von IVECO sind, neben dem guten Wirkungsgrad, vor allem der geringe Platzbedarf – schließlich muss im Zylinderkopf kein Zusatzventil untergebracht werden – sowie die inzwischen erreichte geringe Lärmentwicklung des Systems.

2.6 Reifen und Felgen

Als Schnittstelle zwischen Fahrzeug und Straße besitzen die Räder, also Felgen und primär die Reifen eines Nutzfahrzeugs, höchste Sicherheitsrelevanz. Die Anforderungsprofile, die an Lkw-Reifen gestellt werden, unterscheiden sich grundsätzlich von denen für Pkw-Reifen. Aspekte der Fahrdynamik, wie zum Beispiel Querbeschleunigung oder Aquaplaningverhalten, kommen bei Nutzfahrzeugen – mit

gewissen Ausnahmen im Segment der Leichttransporter – nicht zum Tragen. Gefragt sind vielmehr Eigenschaften wie hohe Tragfähigkeit und, vor allem anderen, Wirtschaftlichkeit und Langlebigkeit. Das spiegelt sich auch in der Konstruktion von Lkw-Reifen wider, die mehrfaches Runderneuern erlaubt und auf möglichst geringen, das heißt verbrauchsreduzierenden Rollwiderstand abzielt. Aufgrund ihrer hohen Beschaffungskosten werden Lkw-Reifen in der Alltagspraxis dennoch oft genug bis weit jenseits der absoluten Verschleißgrenze eingesetzt.

2.6.1
Super-Single-Reifen

Als Alternative zur traditionellen Zwillingsbereifung werden seit Ende der 1990er-Jahre von verschiedenen Reifenherstellern sogenannte Super-Single-Reifen für die Antriebsachsen von Lkw angeboten. Diese Reifen wurden konstruiert, um durch reduzierten Rollwiderstand, geringeren Verschleiß und reduziertes Gewicht insgesamt Betriebskosten zu sparen. Zu den vielen Vorteilen der Super-Single-Bereifung gehört vor allem, dass die geringere Baubreite potenziell in einem Mehr an verfügbarem Ladevolumen resultiert – vorausgesetzt, der Rahmen des Lkw ist bereits werkseitig auf die neuen Reifen ausgelegt. Bei bereits im Einsatz befindlichen,

Anhand dieses Vergleichs sind die konzeptionellen Unterschiede zwischen Super-Single- und herkömmlichen Zwillingsreifen sichtbar: Eine insgesamt kleinere Auflagefläche und niedrigerer Querschnitt resultieren in verringertem Rollwiderstand und reduzierter Bauhöhe des Super-Single.

Im Fall eines Reifenwechsels punktet das Super-Single-Konzept mit geringerem Systemgewicht und dadurch besserer Handhabbarkeit. Auch die Optik des Superbreitreifens ist ein Gewinn…

herkömmlich spezifizierten Fahrzeugen mit Zwillingsbereifung ist eine Umrüstung unwirtschaftlich. Der Unternehmer muss also bei der Neuanschaffung eines entsprechenden Lkw auch die Frage pro oder contra Super-Single beantworten. Dabei muss er sich auch bewusst sein, dass die superbreite Einzelbereifung auf der Antriebsachse aufgrund des unterschiedlichen Reifenaufbaus eine geringere Laufleistung erreicht.

Auch in puncto Fahrsicherheit bieten solche Reifen Besonderes. Da im Fall eines Reifenschadens das Sicherheitsnetz eines Zwillingsreifens fehlt, wird durch konstruktive Maßnahmen im Innern des Super-Single das Risiko bei Luftverlust minimiert; ergänzend kommt vielfach die obligatorische Ausstattung mit einem automatischen Reifendruckkontrollsystem zum Tragen. Dieses erlaubt es dem Fahrpersonal, beginnende Schäden bzw. einen Druckverlust frühzeitig zu erkennen.

2.6.2 Reifendruckregelanlagen

Reifendruckregelanlagen sind keine neuzeitliche Erfindung. Schon tief in den 1960er-Jahren wurden solche Systeme erstmals eingesetzt, und wie so oft machte das Militär den Anfang. Ziel war es, den Reifeninnendruck luftbereifter Fahrzeuge von der Fahrerkabine aus zu steuern. Steuern heißt in diesem Fall während der Fahrt mit Luft befüllen und Luft ablassen. Der seinerzeit von den Militärs klar erkannte Vorteil einer solchen Vorrichtung lag speziell darin, beim Einsatz in schwerem Gelände schnell und unkompliziert Luft ablassen zu können, um durch eine Vergrößerung der Reifenaufstandsfläche bestmögliche Traktionswerte zu erzielen. Bis heute sind solche, die Einsatzeffizienz steigernde Systeme – wenn auch nicht sehr verbreitet – im Einsatz: nach wie vor bei geländegängigen Militärfahrzeugen, aber auch entsprechenden Kommunalfahrzeugen wie zum Beispiel dem Unimog und in gewissen Umfang auch bei landwirtschaftlichen Fahrzeugen wie Traktoren. Reifendruckregelanlagen sind übrigens nicht mit den heute vielfach eingesetzten Reifendruckkontrollsystemen zu verwechseln, die ausschließlich zur Überwachung des Reifendrucks und ggf. zur entsprechenden Warnung des Fahrers dienen.

Ihren Anfang nahmen integrierte Reifendruckregelanlagen vor Jahrzehnten bei der Entwicklung geländegängiger Militär-Lastwagen wie diesem russischen Ural 375. Hier wurde ihr größter Vorteil in der schnellen und unkomplizierten Optimierung der Traktion gesehen.

Beim Mercedes-Benz G 63 AMG 6 x 6, einem spektakulären Showcar mit drei Achsen von 2013, war auch eine Reifendruckregelanlage eingebaut. Mangels einer zentralen Druckluftversorgung wie beim Lkw musste hier der Druckluftvorrat in eigenen Behältern mitgeführt werden.

Bei modernen Reifendruckregelanlagen ist der Reifeninnendruck an allen Achsen gemeinsam oder jeweils getrennt per Taster im Fahrzeugcockpit zu steuern. Dabei ist die ursprünglich im Mittelpunkt stehende Funktion des Luftablassens während der Fahrt nur einer der vielen Vorteile solcher Systeme. Ebenso erlauben sie zum Beispiel im Fall unterschiedlicher Achsbelastung eine individuelle Angleichung der tatsächlichen Abrollumfänge von Vorder- und Hinterrädern. Darüber hinaus können Fahrzeuge mit kleinen Reifenschäden durch die Nachführung von Luft aus der Gefahrenzone bewegt oder langsam bis zur nächsten Werkstatt gefahren werden.

Technisch erfolgt die Zuführung und das Ablassen von Luft durch den Achskörper und die Radnabe hindurch über eine druckluftfeste Schlauchleitung. Dabei erlaubt eine luftdichte Schnelllösekupplung die gleichzeitige Drehung der Räder. Die Schlauchleitung ist noch mit einem Prüf- und Füllventil ausgestattet, wobei eine Sicherheitseinrichtung für die Einhaltung von Mindest- und Höchstdrücken sorgt. Bei integrierten Systemen, die von außen nicht sichtbar sind, wird die Nabe dann auf der Felge mit dem Ventil verbunden. Vor allem bei Nachrüstsystemen, die zum Teil auch über einen oder mehrere im Fahrzeug mitgeführte Druckluft-tanks verfügen, wird auf der Felge eine Drehdurchführung zum Ventil montiert, und die Druckluft dann durch ein Rohr bzw. einen Schlauch außen sichtbar vom Kotflügel zum Rad geführt.

Dank ihrer technischen Übersichtlichkeit werden Reifendruckregelanlagen nicht nur als werkseitige Sonderausstattung, sondern auch als modulare Nachrüstbausätze zur Selbstmontage angeboten. Solche Bausätze sind üblicherweise vormontiert, erweiterbar aufgebaut und unabhängig vom Fahrzeugfabrikat verwendbar. Ihr Einsatz ist vor allem dann vorteilhaft, wenn überwiegend nichtasphaltierte Wegstrecken befahren werden.

2.6.3 Leichtmetallfelgen

Kaum ein Außenstehender weiß, dass nicht wenige mittelschwere und schwere Lkw tatsächlich mit Leichtmetallfelgen ausgestattet sind. Schließlich ist dies – anders als im Pkw-Bereich – allenfalls von mit der Materie vertrauten Betrachtern zu erkennen. So wichtig auch ein attraktives äußeres Erscheinungsbild des Lastwagens sein mag – im Transportgeschäft zählt am Ende nur eines:

Dieser nur für den südamerikanischen Markt produzierte Mercedes-Benz Hauben-Lkw der brasilianischen Bundespolizei zeigt, dass Reifendruckregelsysteme, wie das hier offenbar nachgerüstete, auch für schwere Transportaufgaben auf der Straße von Vorteil sind.

der wirtschaftliche Einsatz des betriebenen Fahrzeugs. Böten Leichtmetallfelgen in dieser Hinsicht keine erkennbaren Vorteile, wären sie seit langem vom Markt verschwunden.

Tatsächlich warten solche leichten Lkw-Räder mit einer Reihe handfester Vorzüge auf. An oberster Stelle steht hierbei die Gewichtseinsparung. Diese kann gegenüber den immer noch standardmäßig verwendeten Lkw-Stahlrädern bis zu rund 45 % ausmachen. Anders gesagt: Ein schwerer Sattelzug, der mit Leichtmetallfelgen ausgerüstet ist, bringt bis zu 400 Kilogramm weniger auf die Waage als sein Pendant mit Stahlrädern. Entsprechend fällt die Nutzlasterhöhung aus, was dazu führt, dass bei Tank- und Silofahrzeugen die Ausstattung mit solchen Felgen am häufigsten anzutreffen ist. Wird die mögliche Zuladung nicht voll ausgenutzt, ergibt sich für den Betreiber eines Lastwagens mit Leichtmetallfelgen durch das grundsätzlich geringere Gewicht zudem eine Reduzierung des Kraftstoffverbrauchs und – damit einhergehend – der Schadstoffemissionen.

Andere Vorteile der leichten Lkw-Felgen wirken sich zwar weniger deutlich auf die Betriebskosten aus, sind aber dennoch wirksam. Durch ihr niedrigeres Gewicht reduzieren sie die ungefederten Massen des jeweiligen Fahrzeugs, was sich zum einen positiv auf den Fahrkomfort auswirkt und Fahrpersonal wie Ladegut schont. Zum anderen wird durch ihr geringeres Gewicht sowie durch ihre besseren Rundlaufeigenschaften die Beanspruchung von Fahrwerk und Reifen reduziert, was in einem

Von außen ist kaum zu erkennen, ob ein Lkw mit Leichtmetallfelgen ausgerüstet ist oder nicht. Da die optische Attraktivität solcher Räder im Nutzfahrzeugbereich nur von untergeordneter Bedeutung ist, könnte das abgebildete Rad auch eine glänzende Zierradkappe tragen.

geringeren Verschleiß resultiert. Auch die bessere Wärmeableitung von Leichtmetallfelgen wirkt sich positiv aus: Entsprechende Untersuchungen haben ergeben, dass sich unter identischen Betriebsbedingungen die Lauftemperatur im Vergleich zu Stahlfelgen um bis zu 22 °C reduziert. Auch dies unterstützt die Lebensdauer von Bremsen und Reifen und äußert sich zugleich in einer besseren Bremsleistung.

Eine weitere positive Eigenschaft von Leichtmetallfelgen ist deren zumeist höhere Tragfähigkeit. Da sie während des Herstellungsprozesses nicht gegossen, sondern – in Übereinstimmung mit den geltenden Vorschriften – aus einem einzigen Aluminiumblock geschmiedet werden, weisen sie eine Festigkeit auf, die vier bis fünf Mal höher ist als die einer vergleichbaren Stahlfelge – bei gleichzeitig größerer Formbeständigkeit. In Zahlen ausgedrückt bedeutet das: Geschmiedete Leichtmetallfelgen widerstehen einem Druck von gut 70 t, während gleich dimensionierte Stahlfelgen schon bei etwa 13 t nachgeben. Entsprechend hoch sind die Anforderungen, die an die verwendete Legierung gestellt werden. Weltgrößter Hersteller von

Diese breite Hinterradfelge weist eine stark negative Einpresstiefe auf und ist mit großen Belüftungslöchern zur Bremsenkühlung versehen. Ihr zierliches Erscheinungsbild lässt keinesfalls ahnen, dass sie eine bis zu fünf Mal höhere Festigkeit hat als eine entsprechende Stahlfelge.

Lkw-Leichtmetallfelgen ist der US-Aluminiumkonzern Alcoa, der bereits 1948 die Schmiedetechnik für solche Räder erfunden und sich in diesem Segment seitdem ein einzigartiges Know-how erworben hat.

Nicht nur mit Blick auf ihre technischen Vorteile sind Leichtmetallfelgen für Lkw deutlich überlegen. Auch in puncto Pflege und Dauerhaltbarkeit setzten sie eigene Maßstäbe. So rosten Aluminiumfelgen aufgrund ihrer Materialzusammensetzung nicht und benötigen deswegen weder eine Oberflächenbeschichtung noch eine eigene Lackierung. Hersteller wie Alcoa beziffern die Lebensdauer solcher Felgen selbst unter härtesten Bedingungen auf mindestens 20 Jahre.

Trotz der genannten, auf längere Sicht auch wirtschaftlichen Vorteile von Lkw-Leichtmetallfelgen sind sie, außer in betont nutzlastsensiblen Transportsegmenten, jedoch aus Kostengründen noch nicht sehr weit verbreitet. Ihre Anschaffung ist ungefähr drei Mal so teuer wie die entsprechender Stahlräder.

MICHELIN
967

Absolute Robustheit und Dauerbelastbarkeit stehen auf der Wunschliste von Lkw-Betreibern unverändert an erster Stelle. Besonders in puncto Fahrwerk ist das Tempo für umfassende Innovationen eher gemächlich.

3. Der Antrieb

Der Antrieb umfasst alle Komponenten, die das Fahrzeug in Bewegung setzen, also Motor, Kupplung, Getriebe und Hinterachse mit Differenzial. Die Fahrleistung eines Lastwagens ist eine Funktion der optimalen Abstimmung dieser Komponenten für den jeweiligen Betriebsfall. Das Getriebe spielt dabei eine wesentliche Rolle, da von ihm die Einhaltung des optimalen Bereichs des Motorkennfelds bei allen Fahrzuständen erwartet wird. Der Fahrer kann bei einem Handschaltgetriebe durch die Wahl der Getriebestufe das Einhalten des grünen Bereichs im Drehzahlanzeiger selbst bestimmen. Antriebe mit relativ niedriger Motorleistung erfordern aber selbst bei

Antriebsstrang eines Lkw mit angetriebener Hinterachse.

günstigem Drehmomentverlauf des Motors eine hohe Schalthäufigkeit. Dies belastet den Fahrer und führt durch vermehrtes Fahren mit Vollgas zu höherem Verbrauch und höherem Verschleiß.

Antriebe mit hoher spezifischer Motorleistung mindern die Schalthäufigkeit und sorgen für eine Entlastung des Fahrers. Moderne Getriebe mit automatischer Gangwahl und Kupplungsbetätigung erfüllen hohe Ansprüche an eine optimale Fahrweise, verbunden mit niedrigem Kraftstoffverbrauch. Der im Lkw verwendete Dieselmotor ist als Verbrennungskraftmaschine anderen Kriterien unterworfen als im Pkw. Im Nutzfahrzeug zählen ausschließlich niedriger Verbrauch, hohe Elastizität und Zugkraft. Ein 40-t-Lastzug verbraucht nur etwa 0,5 bis 0,8 Liter Kraftstoff auf 100 km je Tonne Fahrzeuggewicht, der Pkw benötigt infolge der anderen Verwendungsweise im Durchschnitt etwa die zehnfache Menge.

3.1 Leistungsevolution

Das Getriebe entwickelte sich vom mechanischen Handschaltgetriebe mit vier und fünf Gängen aus den 1930er-Jahren über das synchronisierte Getriebe mit 16 Gängen zum unsynchronisierten automatisierten Getriebe mit 10-12 Gängen. Letzteres ist in das elektronische Fahrzeugmanagement eingebunden, wodurch ein optimales Zusammenspiel der beteiligten Komponenten hergestellt wird. Dennoch wird in einigen Fällen dem Fahrer auch die Möglichkeit geboten, die Gangwahl manuell vorzunehmen. Drehmomentwandler-basierte Vollautomatiken, wie sie im Pkw-Bau Jahrzehnte lang üblich waren, stellten wegen ihres schlechteren Wirkungsgrades keine Alternative dar. Für anspruchsvolle Einsatzprofile im Lkw gewann das synchronisierte Getriebe mit Wandlerschaltkupplung und überbrückbarem hydrodynamischem Wandler im Lauf der Zeit immer größere Bedeutung.

Die Autobahnen ermöglichten in der Anfangszeit bereits höhere Geschwindigkeiten auch für Nutzfahrzeuge, aber mit den üblichen 4-Gang-Getrieben – darunter einige mit zusätzlichem »Schnellgang« – und den niedrigen Motorleistungen zog jede Steigung einen starken Geschwindigkeitsverlust nach sich: Auf Berg und Gefällstrecken musste in den 2. Gang zurückgeschaltet werden. Mit der Einführung der 12- und 16-Gang-Getriebe ab 1968 und den parallel dazu steigenden Motorleistungen erhöhten sich die Fahrwerte beträchtlich. So stieg die durchschnittliche Geschwindigkeit eines 38-t-Zuges zwischen 1966 und 1986 von 50 km/h auf ca. 65 km/h, während der Kraftstoffverbrauch von 50 auf ca. 35 l/100 km sank.

Im gleichen Zeitraum wuchs die maximal verfügbare Motorleistung von ca. 350 PS/257 kW auf ca. 450 PS/331 kW, eine Entwicklung, die sich nach Einführung des 40-t-

Liegender Unterflur-Dieselmotor in schwerem Lkw- und Omnibusfahrgestell, wie er seit Mitte der 1930er-Jahre von Büssing patentiert worden war.

Limits fortsetzte und sich den Marken von ca. 75 km/h und ca. 32 l/100 km näherte. Durch die Einführung strenger Abgasvorschriften ab 1990 wurde das Erreichen bestmöglicher Triebwerkseffizienz hinsichtlich Leistungscharakteristik, Wirtschaftlichkeit und Emissionsreduzierung zum Entwicklungsschwerpunkt bei Lkw-Motoren. Vor Anschaffung eines auf die Einsatzzwecke optimal abgestimmten Fahrzeugs ist für den Unternehmer ein Blick auf die Kennlinien der zur Wahl stehenden Antriebsaggregate in jedem Fall hilfreich.

Der internationale Fernverkehr heutigen Zuschnitts kann nur mit hohem Fahrleistungsvermögen bewältigt werden. Die Motorleistungen betragen dabei im Spitzenbereich etwa zwischen rund 650 PS/478 kW und 750 PS/551 kW, während die optimale Leistung für wirtschaftlichen Betrieb im Fernverkehr bei ca. 450 PS/331 kW, das heißt 11,25 PS/t, liegt. Um den Betrieb mit untermotorisierten Lastzügen zu unterbinden, wurde 1964 gesetzlich eine Mindestmotorleistung von 8 PS/t eingeführt. Damit ergab sich für den 38-t-Zug eine Mindestmotorleistung von 304 PS/224 kW und für den 40-t-Zug ab 1995 von 320 PS/235 kW, was sich besonders auf Steigungsstrecken positiv bemerkbar machte.

In der großen Mehrzahl erbringen die heutigen Lkw-Diesel ihre Leistung inzwischen bei niedrigeren Drehzahlen (1700 bis 1900/min), dafür aber höherem mittlerem Arbeitsdruck. Es hatte sich schon vor Jahrzehnten erwiesen, dass der Drehmomentverlauf für eine hohe Fahrleistung bedeutsamer ist als eine hohe Motorleistung. Dem kam mit seiner fein gestuften Anpassbarkeit an wechselnde Fahrwiderstände das 4-Gang-Getriebe mit Split- und Rangegetriebe (16 Gangstufen) entgegen. Die heutigen Motoren ermöglichen durch ihr besseres Drehmomentverhalten ein längeres Verbleiben im optimalen Leistungsbereich ohne Gangwechsel, und es zeigt sich deutlich, dass im hohen Leistungsbereich der 40-t-Züge ein Getriebe mit 12 Gängen in den meisten Fällen ausreicht. Nach Erreichen des höchsten Drehmoments des Motors in jeder Gangstufe fällt die Zugkraft ab, und es muss spätestens dann in den nächsten Gang hochgeschaltet werden. In der Praxis wird in der Ebene im 3. Gang angefahren und in vollen Gangstufen ohne Splitten weiter beschleunigt.

3.2 Arbeitsbedingungen des Lkw-Motors

Die Betriebsweise der Dieselaggregate unterliegt verschiedenen Bedingungen:

- Im Güterfernverkehr der 40-t-Züge ist auf ebenen Strecken längerer Betrieb mit gleichmäßiger Leistungsabgabe möglich. Auf Steigungen steigt der Zugkraftbedarf an, der kühlende Fahrtwind wird wegen des Geschwindigkeitsabfalls schwächer und das Temperaturniveau im Motor und im Getriebe steigt. Die Ölwechselintervalle können bei diesem Belastungsspektrum 150.000 km erreichen.
- Im Regional- und Verteilerverkehr tritt eine zufallsgesteuerte Belastung durch häufige Auf- und Abladezeiten, Ampelstopps und wechselnde Beladung des Fahrzeugs ein. Die Drehzahl ändert sich ständig, und die Betriebstemperatur schwankt. Die Ölwechselintervalle werden auf ca. 80.000 km verkürzt.
- Die Betriebsweise der Fahrzeuge im gemischten Baustellen- und Straßenverkehr liegt zwischen den beiden Erstgenannten, zusätzlich ist hier aber mit hoher Schmutzbelastung zu rechnen, falls keine wirksameren Ansaugfilter vorgesehen sind.
- In nördlichen Breiten treten Temperaturen bis -40 °C auf, wodurch zusätzliche Probleme durch Kaltstart und längere Durchölzeit für die Motoren auftreten. In Extremfällen werden die Motoren über Nacht mit Warmluft startklar gehalten oder man lässt sie im Leerlauf weiter im Betrieb. Bei Baufahrzeugen sind unter diesen Umständen Ölwechselintervalle von 60.000 bis höchstens 80.000 km erreichbar.

Das Motoröl und die Dichtungen, besonders die an der Kurbelwelle, bilden grundsätzlich

Fahrzeuge wie der Scania R 770 mit V8-Triebwerk meistern auch die anspruchsvollsten Transportaufgaben.

das schwächste Glied in der Kette. Daher ist die Wahl eines hochwertigen Motoröls und einer dafür geeigneten Dichtung eine Voraussetzung für störungsfreien Betrieb.

3.3 Entwicklungslinien des Lkw-Diesels

Ziele des Dieselmotors heißen niedriger Verbrauch, lange Gebrauchsdauer und höchste Zuverlässigkeit. Dies zu erreichen, erforderte hohen Forschungs- und Entwicklungsaufwand, denn die ersten Dieselmotoren waren langsam laufend und schwer und insbesondere zum Antrieb von Schiffen und Generatoren gedacht. Von der Erteilung des Patents DRP 67207 am 23. Februar 1893 dauerte es noch dreißig Jahre bis zum Erscheinen der ersten serienmäßigen Dieselmotoren für Lastkraftwagen, gefolgt vom Dieselmotor für Pkw (1936). Der erste Selbstzünder-motorisierte Lkw entstand 1923 bei Benz in Gaggenau, er war mit einem Vierzylindertriebwerk von Benz & Cie. in Mannheim ausgerüstet. Bevorzugt wurde das Vorkammerprinzip mit Einspritzung des Kraftstoffs in eine Kammer, von der aus der teilverbrannte Kraftstoff mit starker Verwirbelung in den Zylinder gelangte; das ergab eine »weiche« Verbrennung. Die MAN-Motorenwerke in Nürnberg arbeiteten schon bei ihrem ersten Dieselmotor für einen MAN-Lkw (1924) mit direkter Einspritzung und »harter« Verbrennung, aber mit höherem Gesamtwirkungsgrad. Erst in den 1970er-Jahren wurde die direkte Einspritzung technisches Allgemeingut.

Der erste betriebs- und verwendungsfähige Lastwagen mit Dieselmotor der Welt wurde 1923 gebaut. Der im Bild gezeigte Benz Gaggenau 5 t 5 K 3 mit Vierzylinder-Dieselmotor OB 2 mit 45/50 PS (33/37 kW) bei 1000/min war mehr als zehn Jahre im Betrieb.

Bis etwa 1933 gelang es, die maximale Motorleistung von 50 PS/37 kW auf 150 PS/110 kW zu steigern, und der Dieselmotor fand zunehmend Eingang bei Lastwagen ab etwa 2 t Nutzlast. Drehmomentverlauf und Elastizität waren dem Ottomotor anfangs noch unterlegen, aber dessen anfällige elektrische Zündanlage und der niedrige Preis des Dieselkraftstoffs, damals Gasöl genannt, begünstigten das Vordringen des Dieselmotors. Aus patentrechtlichen Gründen entstanden mehrere konkurrierende Einspritzverfahren. Am erfolgreichsten waren die von Benz gewählte Einspritzung in eine Vorkammer und die von MAN bevorzugte direkte Einspritzung in den Zylinder. Höherer Kraftstoffverbrauch fiel in den 1930er-Jahren weniger ins Gewicht, da das Gasöl nur ca. 10 Reichspfennige je kg

kostete. Die intensive Forschung auf den Gebieten Motor und Kraftstoff führte schließlich allgemein zur direkten Einspritzung, um Verbrauch und Emissionen zu vermindern und rauchfreie Verbrennung zu erreichen.

Die Entwicklungstätigkeit der Motorenbauer ging in den 1930er-Jahren in alle Richtungen, teils um höhere Motorleistungen zu erreichen, teils um den idealen Motor für Nutzfahrzeuge schlechthin zu finden. So gab es seinerzeit Motoren mit Wasser- oder Luftkühlung, im Viertakt- oder Zweitaktverfahren arbeitend. Manches erscheint aus heutiger Sicht exotisch: Henschel zum Beispiel baute in seine Dreiachser 1937 einen Reihenachtzylinder-Dieselmotor mit 170 PS/125 kW ein, nachdem vorher schon ein Otto-Doppelmotor mit 2x6 Zylindern und 250 PS/184 kW eine kurze Zeit lang für den Betrieb mit Holzgas gebaut worden war. Durch den geringeren Heizwert von Holzgas lag die nutzbare Leistung aber um ca. 30 % niedriger als bei einem Dieselmotor. Ein Doppelmotor von Büssing mit ebenfalls 2x6 Zylindern entwickelte als Dieselmotor 320 PS/235 kW und im Holzgasbetrieb nur 250 PS/184 kW. Doppelmotoren waren eine Notlösung der damaligen Zeit, um wenigstens unter Rückgriff auf Gleichteile zu höheren Leistungen zu kommen.

Auch Humboldt-Deutz entwickelte einen Reihenachtzylinder mit 170 PS/125 kW, maximal 200 PS/147 kW, der in eine dreiachsige Zugmaschine und einen vierachsigen Lkw eingebaut wurde. Büssing favorisierte schon in den 1950er-Jahren den Unterflurmotor für Omnibusse und Lastwagen, was aber nach der 1971 erfolgten Übernahme durch die MAN für Lkw wieder aufgegeben wurde.

3.3.1 Zweitakt oder Viertakt?

Auch das Zweitaktverfahren fand vorübergehend Eingang in das Nutzfahrzeug. Krupp entwickelte einen luftgekühlten Vierzylinder-Boxermotor für Schnelllastwagen, der als Viertakt- und Zweitakt-Dieselmotor die gleiche Leistung bringen und mit gleichen Abmessungen gebaut werden sollte. Zeitlich etwa parallel dazu wurden Zweitakt-Gegenkolbenmotoren in Lizenz Junkers für mittelschwere und schwere Lkw verwendet. Ein V8-Zweitaktdiesel von 1937 mit mechanisch angetriebenem Roots-Gebläse besaß Auslassventile in den Zylinderköpfen und entwickelte maximal 200 PS/147 kW aus nur 7,8 Liter Hubraum. Auch wenn damalige Viertaktmotoren dieses Leistungsniveau erst bei Hubräumen von ca. 13 Litern erreichten, setzte sich das Zweitaktkonzept im Nutz-

Zwitter: Hochentwickelter Krupp-Zweitaktdiesel mit obenliegender Nockenwelle zur Steuerung der Auslassventile im Zylinderkopf. Die Verbrennungsluft wird durch Schlitze am unteren Ende der Laufbüchse zugeführt.

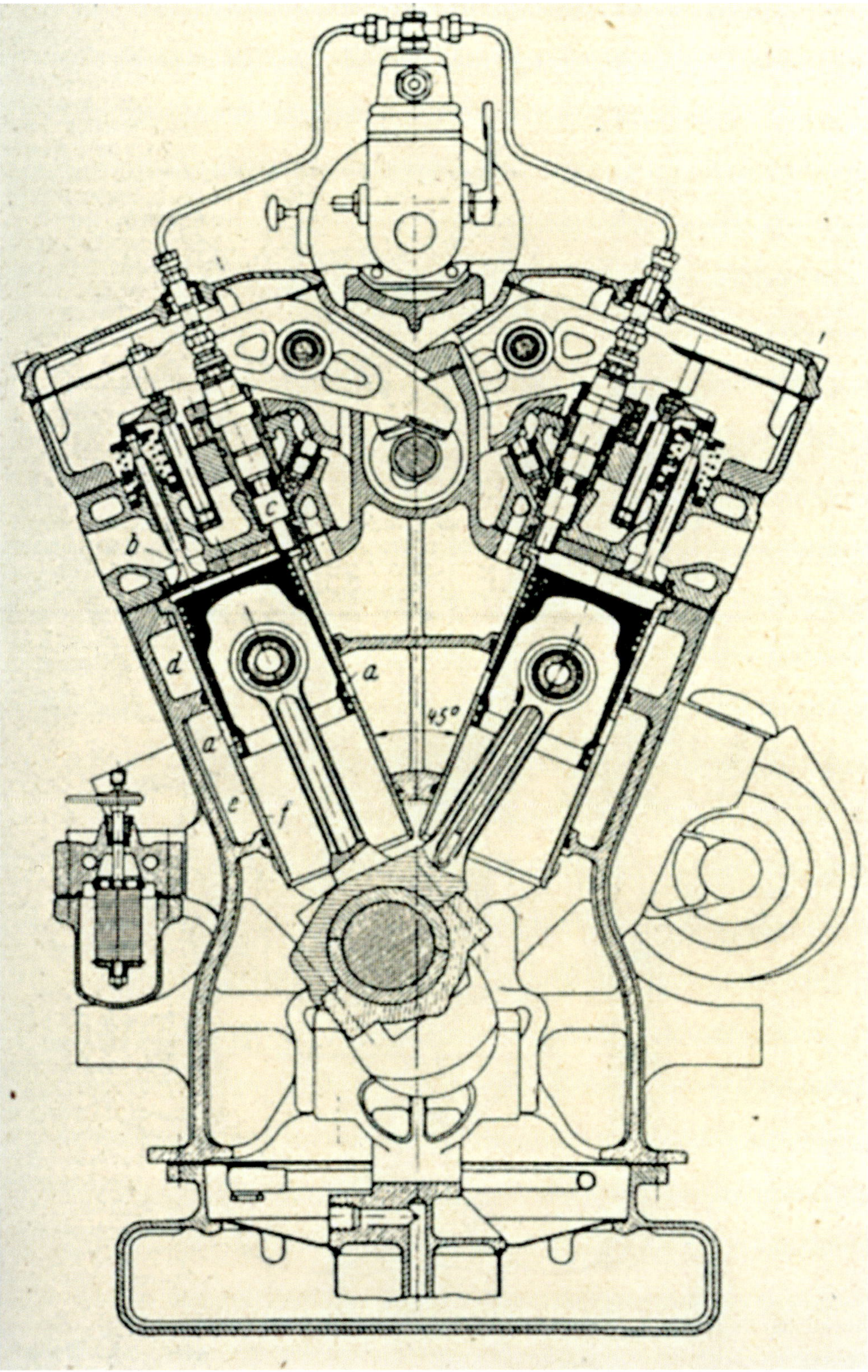
c
b
d
a
a
45°
e
f

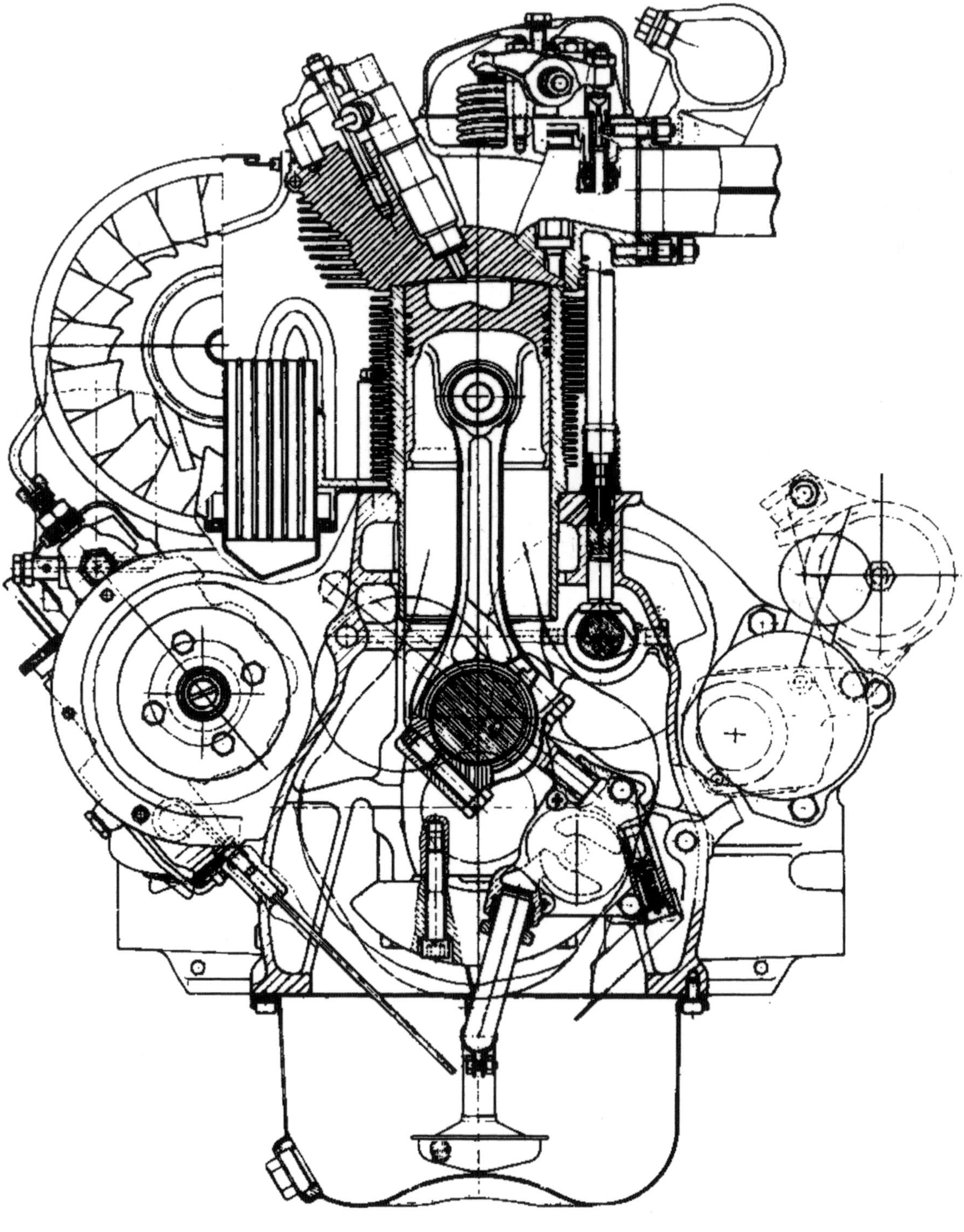

Luftgekühlter Deutz-Dieselmotor der Baureihe FL mit verrippten Zylindern und Zylinderköpfen sowie seitlich angebautem Kühlgebläse.

fahrzeug nicht durch. Krupp blieb dem Prinzip dennoch treu und führte in den 1950ern einen Dreizylinder-Zweitaktmotor mit Roots-Gebläse ein, der als Doppelmotor mit sechs Zylindern in Reihe bis zu 210 PS/154 kW leistete. Doch auch diese Triebwerke wurden nach einigen Jahren durch Krupp-Cummins-V8-Viertakt-Diesel ersetzt. Ähnlich wurden in den USA die dortigen Zweitakt-Dieselmotoren von Detroit Diesel Corp. (DDC) für schwere Zugmaschinen und Lkw ebenfalls durch Viertakt-Dieseltriebwerke abgelöst.

3.3.2 Wasser- oder Luftkühlung?

Der 1939 ausgebrochene Krieg unterbrach sämtliche Entwicklungen für kommerzielle Anwendungen, begünstigte aber die neuen luftgekühlten Vorkammer-Dieselmotoren von Deutz, die in Militärfahrzeugen eingesetzt wurden. Später entstand daraus eine homogene Baureihe luftgekühlter Triebwerke als Reihenmotoren, ferner auch in V8-, V10- und V12-Konfiguration für Lastwagen, Baumaschinen und Sonderfahrzeuge mit weltweiter Verbreitung. Die Bauweise mit einzeln aufgebauten Zylindern erforderte ein besonders steifes Kurbelgehäuse. Die luftgekühlten Motoren bewährten sich allein in Sibirien unter den dort herrschenden Extrembedingungen in mehr als 9000 Kippern und Zugmaschinen, aber nach dem Übergang von Magirus-Deutz in die IVECO wurden nur noch wassergekühlte Motoren gebaut. Solche Antriebsaggregate boten wegen ihres ausgewogeneren Temperaturhaushalts wesentlich mehr Entwicklungsmöglichkeiten im Hinblick auf Leistungssteigerungen, insbesondere durch Aufladung.

3.4 Der Lkw-Dieselmotor heute

Alle Entwicklungsrichtungen mündeten letzten Endes im Viertakt-Dieselmotor mit direkter Kraftstoffeinspritzung, Wasserkühlung und Abgasturbolader mit Ladeluftkühler. Nur so waren die Voraussetzungen für höhere Verbrennungsdrücke und die steigenden Anforderungen in ökonomischer und ökologischer Hinsicht erfüllbar. Neben Drehmoment und Antriebsleistung wurde das Thema Verbrennung im Motor durch Vorgaben zu Emissionsbegrenzung vorrangig. Was 1988 mit Euro 0 begann, ist inzwischen bei Euro VI angekommen und kann nur durch tiefgreifende inner- und außermotorische Maßnahmen erreicht werden. Aufgrund sich kontinuierlich verschärfender Grenzwerte entstanden innovative Lösungen zur Erfüllung der jeweiligen Vorgaben. So entstanden beispielweise für die Abgasnachbehandlung das SCR-Verfahren, die Abgasrückführung (AGR) und die perfektionierte Partikelfilter-Technologie. Sämtliche ergriffenen Maßnahmen standen – entgegen ursprünglicher Erwartung – weiter gesteigerten Motorleistungen übrigens nicht im Weg. Weiterentwicklungen beim Verbrennungsvorgang und eine Minimierung aller Reibungsverluste im Motor verbesserten den Wirkungsgrad der Antriebsaggregate und führten zugleich zu einer Verringerung von Kraftstoffverbrauch und Emissionen. Wie lange sich der Selbstzünder als CO_2-Verursacher zumindest im Nutzfahrzeugsegment noch gegen Batterie- und möglicherweise Brennstoffzellen-basierte Elektroantriebe wird halten können, muss allerdings die Zukunft zeigen.

Die bislang erzielten Fortschritte im Bau von Lkw-Dieselmotoren sind vorwiegend auf folgende Entwicklungen zurückzuführen:

- Übergang von Reiheneinspritzpumpe auf Einzelpumpen oder Common Rail-Verfahren
- Drastische Erhöhung der Einspritzdrücke auf aktuell bis zu 3000 bar
- Vierventiltechnik mit zentraler Einspritzdüse
- Einführung der neuesten und effizientesten technischen Maßnahmen zur Schadstoffreduzierung im Abgas

3.4.1 Die Dieseleinspritzung

Großvolumige Dieselmotoren, wie sie bei Nutzfahrzeugen bis heute eingesetzt werden, waren als geeignete Antriebsaggregate für Lkw spätestens seit dem Ende des Zweiten Weltkriegs ohne technische Alternative. In ihrer aktuellen Form setzen sie insbesondere in puncto Effizienz und Kosten nach wie vor die Messlatte für alle anderen inzwischen diskutierten und zum Teil vor der Einführung stehenden Antriebsverfahren. Um das mittlerweile realisierte Niveau zu erreichen, war jahrzehntelange, umfassende Entwicklungsarbeit der Motorenkonstrukteure erforderlich. Diese konzentrierte sich vornehmlich auf das Schlüsselthema Gemischbildung, denn der Verbrennungsvorgang im Dieselmotor wird als entscheidender Parameter für die Effizienz eines solchen Triebwerks entscheidend durch die Aufbereitung des Kraftstoff-Luft-Gemischs beeinflusst. Deren Güte bestimmt am Ende Motorleistung, Kraftstoffverbrauch, Zusammensetzung der Abgasemissionen und das Verbrennungsgeräusch.

Da der Kraftstoff in flüssiger Form in den Brennraum eingespritzt wird, dort verdampft und mit der verdichteten Luft zum eigentlichen Verbrennungsvorgang reagiert, ist in dieser Hinsicht eine Reihe von Faktoren für die Qualität der Gemischbildung ausschlaggebend: Dies sind Beginn, Dauer und Verlauf, Druck sowie Anzahl der Einspritzungen. Mit Blick auf die Einspritzverfahren gilt es von der Entwicklungshistorie her zwei Arten zu unterscheiden: Die indirekte Einspritzung in eine Vorkammer oder Wirbelkammer eines zweiteiligen Brennraums, wie sie früher zur Erzielung einer weichen und damit vor allem geräuschärmeren Verbrennung eingesetzt wurde, und die heute ausschließlich verwendete direkte Einspritzung in die Mulde im Kolbenboden. Letztere führt zu einem erheblich niedrigeren Kraftstoffverbrauch im Bereich von 20 % und ist deshalb bei Nutzfahrzeug-Dieseln seit vielen Jahren die Nummer eins.

Bei der modernen Direkteinspritzung wird der flüssige Kraftstoff mit einem Druck von bis zu 3000 bar unmittelbar in die durch hohe Verdichtung erhitzte Verbrennungsluft gespritzt. Der eigentliche Brennraum wird dabei von der Kolbenmulde und dem oben abgeflachten Zylinderkopf gebildet. Dank des extrem hohen Einspritzdrucks und die

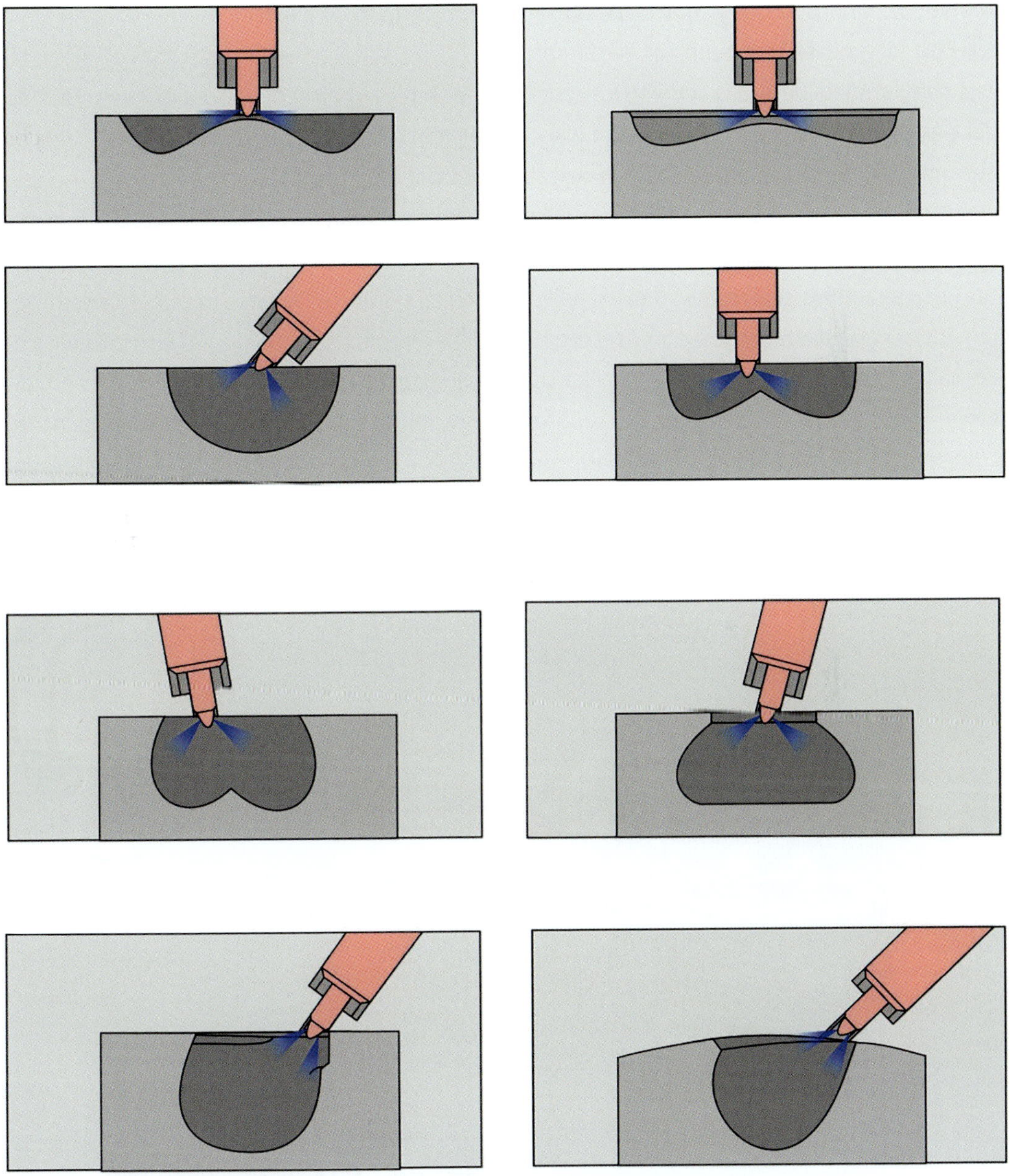

Um den Verbrennungsvorgang im Dieselmotor möglichst rückstandsarm zu gestalten, stand entwicklungsseitig neben der Einspritztechnologie auch die Ausführung der als Teil des Brennraums dienenden Kolbenmulden sowie die Lage der Injektoren im Mittelpunkt.

nur etwa 0,15 mm großen Einspritzdüsen, auch Injektoren genannt, wird der Kraftstoff in mikroskopisch kleine Tröpfchen zerstäubt. Diese werden in einer kurzen Phase zu Beginn des Verbrennungsvorgangs durch die auf etwa 800 °C erhitzte Luft zunächst verdampft. Das dadurch gebildete Gas vermischt sich mit der heißen Luft, heizt sich unterdessen weiter auf und verbrennt unmittelbar durch Selbstzündung – also ohne Zutun einer gesonderten Zündanlage. Der fortgesetzte Ablauf dieses Prozesses führt seinerseits zu einer weiteren Temperatursteigerung, die in Kombination mit einer durch sogenannte Drallkanäle sowie eine spezielle Kolbenform erzeugten Luftverwirbelung zu einer weiter beschleunigten Verdampfung und Vermischung führt. Ziel aller Bemühungen der Entwickler war und ist die perfekte, das heißt rückstandfreie Verbrennung, die aber ein bislang nicht erreichtes Ideal darstellt.

Tatsächlich werden im praktischen Betrieb nicht alle Gemischbestandteile restlos verbrannt. Stattdessen entstehen dabei teilweise giftige chemische Verbindungen, um die sich die derzeit in Politik und Gesellschaft geführte Debatte in puncto bestmöglicher Reduzierung von Schadstoffemissionen letztlich dreht. Bei den Selbstzündern im Pkw und Nutzfahrzeug handelt es sich um Stoffe wie Kohlenmonoxid, Stickoxide,

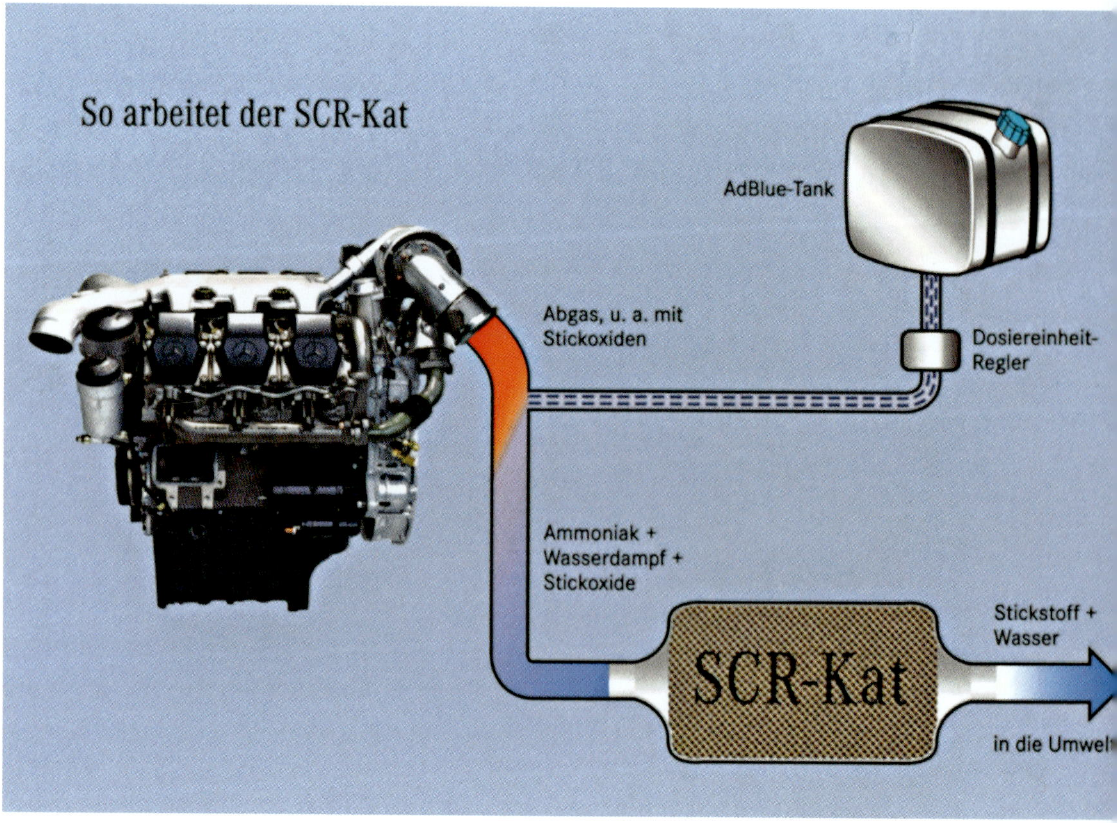

Motor mit SCR-Technik zur effizienten Abgasnachbehandlung.

Schwefeldioxid, unverbrannte Kohlenwasserstoffe und – nicht zuletzt – Feststoffpartikel. Insbesondere der Partikelausstoß konnte dank modernster Einspritztechnologie in den letzten 25 Jahren um etwa 90 % reduziert werden, doch sind diese Partikel inzwischen so klein, dass sie sogar in menschliche Zellen eindringen und dort zu schweren Schädigungen führen können.

3.4.2 Methoden zur Abgasnachbehandlung

Als die Lkw-Motorenentwickler unter dem Druck immer strenger werdender Abgasnormen um die Jahrtausendwende alle innermotorischen Möglichkeiten zur Emissionsreduzierung als ausgeschöpft betrachteten, griffen sie auf ein Patent zurück, das japanische Chemiker bereits Mitte der 1970er-Jahre erworben hatten. Um die mit giftigen Stickoxiden hochbelasteten Abgase, die bei Kohlekraftwerken anfielen, in ihrer Umweltschädlichkeit nachhaltig zu reduzieren, hatten sie einen Weg gefunden, ihnen nach der Verbrennung Ammoniak zuzuführen. Diese daraus folgende chemische Verbindung bewirkte, dass die Stickoxide in ungefährlichen Stickstoff und Wasser umgewandelt wurden. Eisen- oder Kupfersulfid diente dabei als die Reaktion auslösender Katalysator. Später wurden dann präzise Dosierungstechniken für die Beimischung von Ammoniak entwickelt. Abgelöst wurde dieser dann im Lauf der Jahre vom Harnstoff, der auch aktuell im Kraftwerksbereich immer noch eingesetzt wird.

3.4.2.1 Die SCR-Technik

Statt mit ungewissem Ausgang noch jahrelang an innermotorischen Verbesserungen zu forschen, wandten sich die Dieselmotoren-Entwickler der chemischen Nachbehandlung der Verbrennungsgase zu – ähnlich wie es bereits 30 Jahre zuvor mit dem geregelten Dreiwege-Katalysator bei benzinbetriebenen Pkw geschehen war. Als Mittel zur Erreichung bestmöglicher Abgaswerte bei Lkw-Dieseltriebwerken wurde in der Folge ein dreiteiliges Maßnahmenpaket entwickelt. Es bestand aus der sogenannten SCR-Technik, der »Selektiven katalytischen Reduktion« (engl.: selective catalytic reduction) mit der ins Abgas gespritzten, unter dem Namen AdBlue bekannten Harnstofflösung, einer Abgasrückführung (AGR) sowie einem Partikelfilter. Ausschließlich mit diesem – unverändert aktuellen – Technikstandard war die ab 2013 in Kraft tretende Euro-VI-Norm für Lkw über 3,5 t zu erfüllen.

Obwohl die AdBlue-Beimischung sowohl bei den Fahrzeugen selbst wie in der Tankstelleninfrastruktur einen erheblichen zusätzlichen Ausstattungsaufwand nach sich zog, begann tankstellenseitig bereits ab 2003 die flächendeckende Verfügbarmachung der AdBlue-Flüssigkeit. Die ersten mit SCR-Technik ausgestatteten Fahrzeuge kamen im Vorfeld der ab 2004 gültigen Abgasnorm Euro IV auf den Markt. Unter anderem rüstete auch Mercedes-Benz die ersten Lkw-Triebwerke bereits im Jahr 2005 entsprechend aus. Dazu war es notwendig, einen eigenen AdBlue-Tank zu installieren, dazu noch

Zunächst stand AdBlue in der Tankstellen-Infrastruktur ausschließlich in solchen Kunststoffkanistern zur Verfügung. Der Nachfüllvorgang war eine zeitraubende Prozedur.

entsprechende Rohrleitungen sowie einen Injektor, der die Harnstofflösung mit einem erheblichen Systemdruck von 4,5 bis 8,5 bar in den Abgasstrang spritzt und dort Ammoniak freisetzt. Dieser reagiert im nachgeschalteten SCR-Katalysator dann mit den Stickoxiden und wandelt sie in unschädlichen Stickstoff und Wasserdampf um. Um je nach Drehzahl und aktuellem Lastzustand die exakt benötigte AdBlue-Menge bereitstellen zu können, wird ein vom Motorsteuergerät kontrolliertes Dosiermodul eingesetzt.

Im Alltagseinsatz entsprechend ausgerüsteter Lkw ist es seitdem nötig, den, je nach Lkw-Modell, 50 bis 100 Liter fassenden AdBlue-Tank in gewissen Abständen nachzufüllen. Dieses Prozedere erwies sich anfangs noch als recht zeitraubend, da die flächendeckende Einrichtung von AdBlue-Tanksäulen sich erst nach und nach vollzog. Heute steht die wässrige Harnstofflösung sowohl in Kanister abgefüllt wie in fast allen Fällen auch per eigener Tanksäule zur Verfügung. Die umfassende Erhältlichkeit ist zwingend erforderlich, weil die inzwischen beträchtliche Zahl von mit Euro-VI-Triebwerken motorisierten Lkw und Bussen mit einem leeren AdBlue-Tank nicht mehr bewegt werden kann. Fehlt der Nachschub, stoppt der Motor und lässt sich nicht mehr starten.

Trotz aller Bemühungen der Motorenkonstrukteure weltweit, gibt es derzeit keine effizientere Methode, um die Stickstoffbelastung der Dieselabgase so drastisch zu reduzieren. Dies wird vermutlich auch noch so lange bleiben, bis andere Antriebsarten auf breiter Front in den Lkw einziehen.

3.4.2.2 Partikelfilter

Wegen der erwiesenen Gesundheitsrisiken durch Rußpartikel, die aufgrund ihrer geringen Größe – sie sind etwa fünfmal kleiner als ein durchschnittliches menschliches Haar dick ist – von den Atemwegen nicht herausgefiltert werden können und direkt in die Lunge und sogar in die menschlichen Zellen gelangen können, verfügte der Gesetzgeber bereits vor vielen Jahren eine strenge Limitierung des Partikelausstoßes nicht zuletzt für Diesel-motorisierte Neufahr-

Die wässrige Harnstofflösung wird in solchen Tanks mitgeführt. Je nach Nutzfahrzeuggröße variiert deren Fassungsvermögen zwischen 50 und 100 Litern.

zeuge. Dies machte auf dem Weg der Abgasnachbehandlung die Entwicklung von innovativen Filtertechnologien unumgänglich, die auch für bereits im Verkehr befindliche ältere Fahrzeuge, deren Motoren die Abgasnormen Euro I bis III erfüllen, auf dem Wege der Nachrüstung verfügbar gemacht werden sollten.

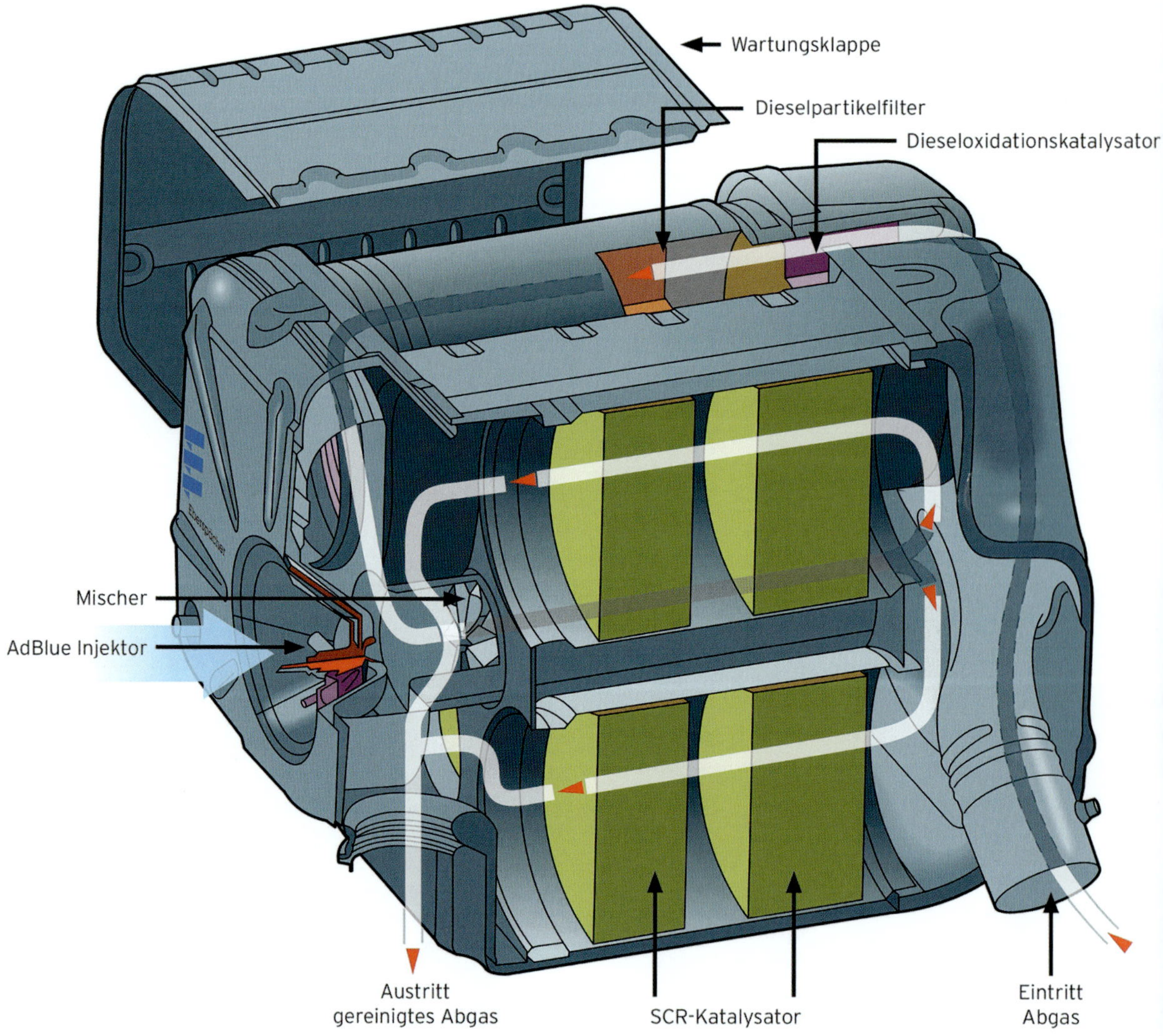

Als kompakte, voll integrierte Gesamtsysteme präsentieren sich heute die Abgasanlagen moderner Lastwagen. Auch die von spezialisierten Zulieferern hergestellten Anlagen für aktuell nach der Abgasnorm Euro VI zertifizierte Neufahrzeuge können nicht auf Partikelfilter verzichten.

Technisch gesehen unterscheidet man zwischen zwei verschiedenen Arten von Dieselpartikelfiltern. Die Bauform mit der besten und effizientesten Filterfunktion ist als geschlossenes System ausgelegt. Dabei sind die innerhalb eines Metallgehäuses untergebrachten zahlreichen kleinen Kanäle, durch die der Abgasstrom geleitet wird, wechselseitig verschlossen. Der Filtereffekt ergibt sich dadurch, dass die Abgase die zumeist aus einem porösen, gasdurchlässigen keramischen Material bestehenden Kanalwände durchdringen müssen. Bei diesem Vorgang werden etwa 95 % der Rußpartikel abgeschieden und schlagen sich an den Kanalwänden nieder. Dadurch, dass das Abgas durch poröses Material dringen muss, entsteht ein hoher Gegendruck im Abgasstrom. Alternativ zu keramischem Material gibt es auch Filter, die eine metallische Basis aufweisen. Hier durchdringt das mit Rußpartikeln gesättigte Abgas eine Maschenstruktur, die mit Sintermetallpulver gefüllt ist. Die Effizienz beider Bauarten ist in etwa ähnlich.

Offene Partikelfiltersysteme dagegen besitzen Abgaskanäle, die über Öffnungen durchgängig miteinander verbunden sind. Hier wird ein Filtereffekt erreicht, indem die Abgase verwirbelt werden und jeweils ein Teil davon durch beispielsweise ein Vliesmaterial über die Öffnung in den benachbarten Abgaskanal geleitet wird. Dieses einfachere System besitzt allerdings einen wesentlich geringeren Wirkungsgrad von nur etwa 30 %. Sein Hauptvorteil besteht darin, dass der Abgasgegendruck kaum erhöht wird und es zu keinen Verstopfungen kommen kann.

Solche Verstopfungen waren dagegen das Hauptproblem der geschlossenen Filtersysteme und bereiteten in der Anfangsphase der Einführung im Bereich der Diesel-Pkw ab Mitte der 1980er-Jahre noch erhebliche Schwierigkeiten. Erst nach jahrelanger Weiterentwicklung funktionierte die sogenannte Regeneration der Systeme zuverlässig – eine zentrale Anforderung vor allem bei Nutzfahrzeugen mit ihren großvolumigen, emissionsintensiven Dieselmotoren und hohen Laufleistungen. Die Regeneration geschieht mithilfe der Verbrennung der aufgefangenen Rußpartikel. Dabei findet ein Oxidationsprozess bei mehreren hundert Grad innerhalb des Systems statt. Dieser geschieht passiv, wenn dazu ausschließlich die mit dem Abgasstrom herangeführte Hitze von 300 bis 450 °C genutzt wird, oder aktiv, wenn die elektronische Motorsteuerung die Abgastemperatur auf bis zu 650 °C anhebt. Eine dauerhaft effiziente Regeneration garantiert ausschließlich die aktive Steuerung, die entweder automatisch alle 50 bis 100 Betriebsstunden durchgeführt wird oder auch manuell geregelt werden kann. Dabei ist es unerheblich, ob das Fahrzeug fährt oder steht – entscheidend ist, dass der Motor auf Betriebstemperatur läuft.

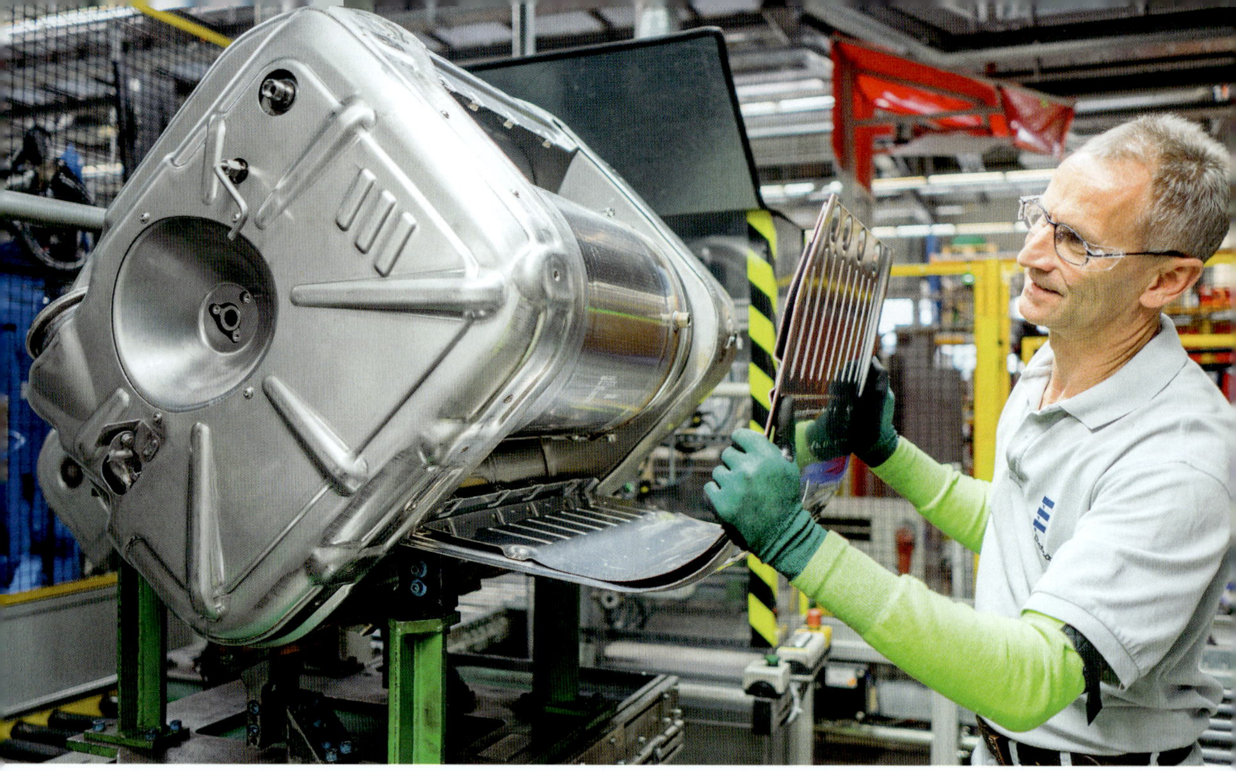

Der relativ große Einbauraum, der ab mittelgroßen Lkw zur Verfügung steht, macht die Einbindung eines Rußpartikelfilters in die Abgasanlage unproblematisch. Im Bild die Fertigung bei der Firma Eberspächer, einem international führenden Anbieter solcher Abgassysteme.

3.4.3 Zylinderkonfigurationen und Leistungsbereiche

Als Scania und IVECO in der ersten Hälfte der 1980er-Jahre in einem großen Schritt die Leistungen ihrer Motoren auf über 400 PS/294 kW steigerten, schien eine Grenze erreicht zu sein, die höchstens noch auf bis zu 500 PS/368 kW anzuheben war. Doch alle solchen Prognosen waren falsch: Erstens zogen alle anderen wichtigen Hersteller nach und zweitens wuchsen die Motorleistungen stetig weiter an. Dabei existierten Reihen- und V-Motoren bis in die höchste Leistungsklasse über Jahrzehnte nebeneinander, doch hat sich der Reihensechszylinder inzwischen weitestgehend durchgesetzt. Lediglich Scania leistet sich in der Topkategorie noch einen 16-Liter-V8-Diesel, der bis zu 770 PS/566 kW bereitstellt. Im leichten, mittleren und schweren Lkw-Segment sind ansonsten ausschließlich Reihenmotoren mit vier und sechs Zylindern zu finden.

Der Reihenmotor profitiert von den Vorteilen der einfacheren Bauart sowie der Konzentration des Auspufftrakts auf der einen und des Ansaugtrakts auf der anderen Seite. Ein V-Motor verfügt zwar über eine geringere Baulänge und hat im hohen Leistungsbereich mehr Zylinder mit kleinerem Zylindervolumen, was die spezifische physikalische Belastung reduziert, doch sind der größere

Bauaufwand mit zwei Zylinderköpfen, einer doppelt auszuführenden Abgasanlage samt Turbolader sowie die größere Schall und Wärme abstrahlende Fläche eines V-Triebwerks nachteilig.

3.4.4 Die Turboaufladung

Um die im Kraftstoff enthaltene Energie in mechanische Energie an der Kurbelwelle umzusetzen, wird Luft oder Sauerstoff benötigt. Normalerweise saugt der sich im Zylinder abwärts bewegende Kolben durch das geöffnete Ansaugventil die zur Verbrennung des Kraftstoffs benötigte Luft an. Da in der kurzen Zeit dieser Abwärtsbewegung infolge der Strömungswiderstände ein Unterdruck entsteht, ist die Sauerstoffzufuhr oder die Füllung des Zylinders begrenzt. Aus diesem Grund entstanden verschiedene Aufladeverfahren, bei denen ein Verdichter die benötigte Luftmenge dem Zylinder zuführt und eine größere Menge Kraftstoff zu einer leistungsoptimierenden Verbrennung zulässt. Mechanisch angetriebene Kompressoren fanden keinen Eingang ins Nutzfahrzeug, bevorzugt wurden von Beginn der Entwicklung an Abgasturbolader. Dabei fungierten turboaufgeladene Dieselmotoren für Schienenfahrzeuge und Lastkraftwagen als Pioniere. Sie traten ursprünglich nur mit dem Ziel an, aus dem gegebenen Hubraum eine höhere Leistung zu generieren. Dabei arbeitet der Abgasturbolader mechanisch vom Motor entkoppelt und ist ausschließlich über den Abgasstrom thermodynamisch mit ihm verbunden.

Idee und erstmaliger Serieneinsatz eines Abgasturboladers zur Leistungssteigerung von Verbrennungsmotoren sind dem Erfinder- und Unternehmergeist von Schweizern zu verdanken. Das 1905 patentierte Funktionsprinzip ist dem Ingenieur Alfred

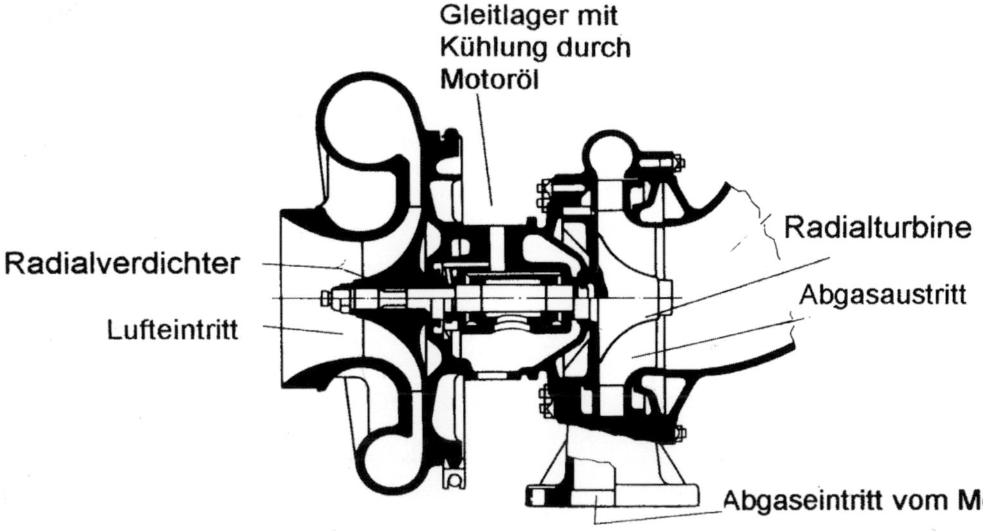

Funktionsschema des Abgasturboladers.

Büchi aus Winterthur zuzuschreiben. Premiere feierte der Abgasturbolader in einem 1938 vorgestellten Diesel-motorisierten Lkw der in Arbon am Schweizer Bodenseeufer ansässigen Firma Saurer, die schon zuvor mit innovativen Konstruktionen die Entwicklung des Dieselmotors entscheidend vorangebracht hatte. Von einem Einsatz des Turboladers in einem Pkw mit Benzinmotor war man damals noch Jahrzehnte entfernt.

In Deutschland gelangte das erste turbogeladene Dieseltriebwerk 1951 im Hauber-Lkw MAN 750 TL 1 zum Einsatz. Seine Leistung war dank der Abgasturbine um über 30 % auf 175 PS/129 kW angestiegen. In den folgenden gut zwei Jahrzehnten engagierten sich vor allem die Hersteller Volvo, Scania und DAF für die Weiterentwicklung dieser Technologie. Vor dem Hintergrund steigender Herausforderungen in puncto Leistung, Verbrauch und Umweltverträglichkeit fand die Turboaufladung bei Lkw-Motoren aber erst Ende der 1970er-Jahre weitere Verbreitung.

Der Abgasturbolader wandelt die im 400 bis 500 °C heißen Abgas enthaltene Energie in Form von Wärme und Druck in einer Turbine in mechanische Energie um und treibt direkt einen Lader oder Verdichter an. Die verdichtete und dabei erwärmte Luft wird den Zylindern beim Ansaughub über einen Ladeluftkühler zugeführt. Der damit höhere Sauerstoffanteil im Zylinder erlaubt es, eine größere Kraftstoffmenge einzuspritzen und die Leistung des Motors ohne Hubraumvergrößerung zu erhöhen. Der Abgasturbolader arbeitet mit sehr hoher Drehzahl von bis zu über 100.000/min, wobei der Verdichter als Radialturbine oder als Schaufelrad mit axialer Durchströmung ausgeführt ist. Durch einen vom Verdichter-

Volvo Sechszylinder-Diesel D11 mit Ladeluftkühler vor dem Wasserkühler. Die vom Abgasturbolader verdichtete und erwärmte Luft wird über den Ladeluftkühler den Zylindern zugeführt.

druck abhängigen Ladedruckregler kann der Druck der zugeführten Luft geregelt werden. Ausschließlich durch die Kombination von Abgasturbolader und Ladeluftkühler kann die Verbrennung im Zylinder mit Blick auf gültige Emissionsvorschriften optimiert werden.

Zusätzliche Potenziale in puncto Wirtschaftlichkeit, Schadstoffemissionen, Leistungscharakteristik, Laufverhalten und Langlebigkeit der Turboaufladung erschlossen Entwicklungen wie der VTG-Lader (Variable Turbinengeometrie) mit seinen verstellbaren Leitschaufeln. Diese leiten den Abgasstrom besonders effizient von außen nach innen auf das Turbinenrad. Eine weitere Innovation war 2011 die von Mercedes-Benz im Rahmen der Einführung einer komplett neu konstruierten Nutzfahrzeug-Motorenfamilie vorgestellte asymmetrische Aufladung. Hier war der Abgasturbolader mit einem asymmetrischen Turbinengehäuse versehen. Um einen schnellen Aufbau des Ladedrucks und damit einem raschen Anstieg von Leistung und Drehmoment schon bei niedrigsten Drehzahlen zu erreichen, wurden bei dieser technischen Lösung die Abgase der Zylinder vier bis sechs direkt in die Abgasturbine geleitet. Von den Abgasen der Zylinder eins bis drei wurde dagegen eine definierte Menge für die im Rahmen der Abgasreinigungsmaßnahmen eingebauten Abgasrückführung abgezweigt, die wiederum eine Reduzierung der NOx-Emissionen bewirkte. Der Vorteil dieses konstruktiven Kniffs war zum einen das wesentlich verbesserte Ansprechverhalten

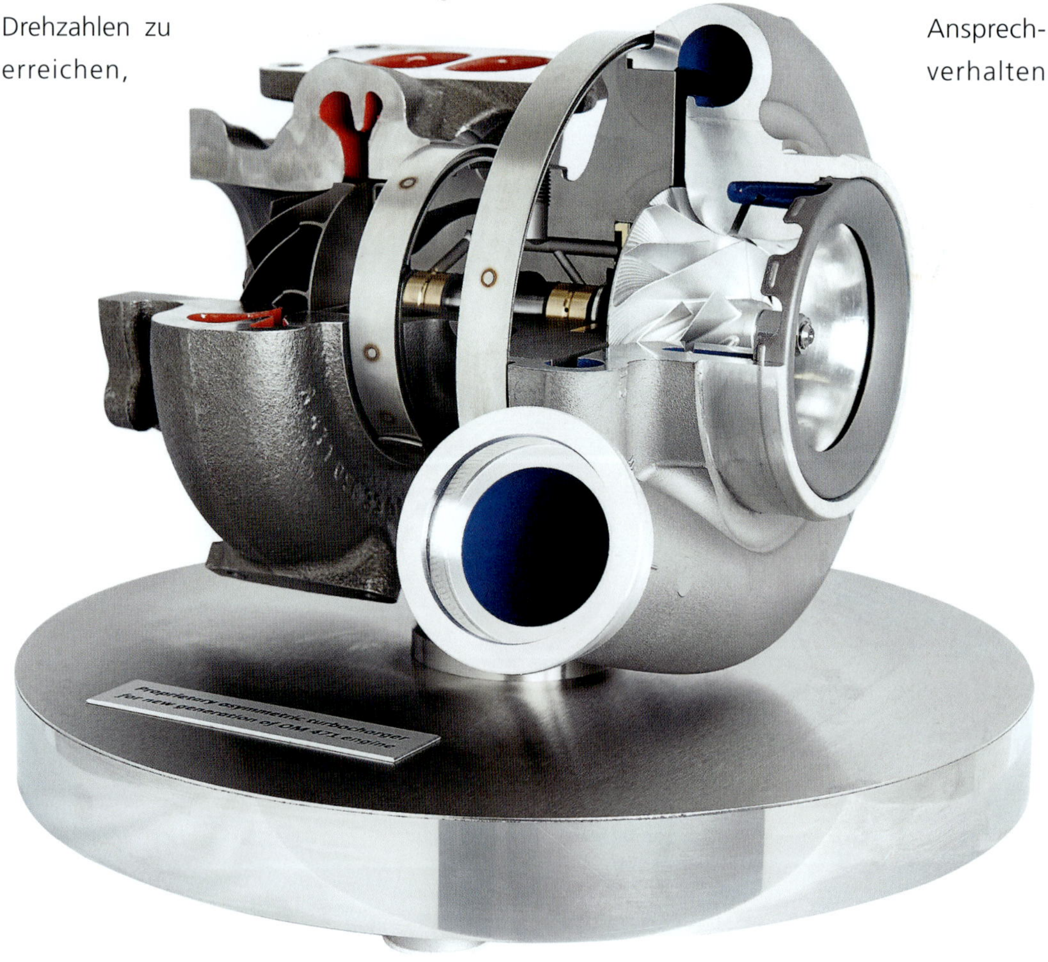

Die Funktionsidee eines Turboladers ist bestechend einfach, und auch der technische Aufbau ist auf den ersten Blick sehr übersichtlich. Doch es brauchte viel Know-how und jahrzehntelange Entwicklung, um die heutige Perfektion zu erreichen.

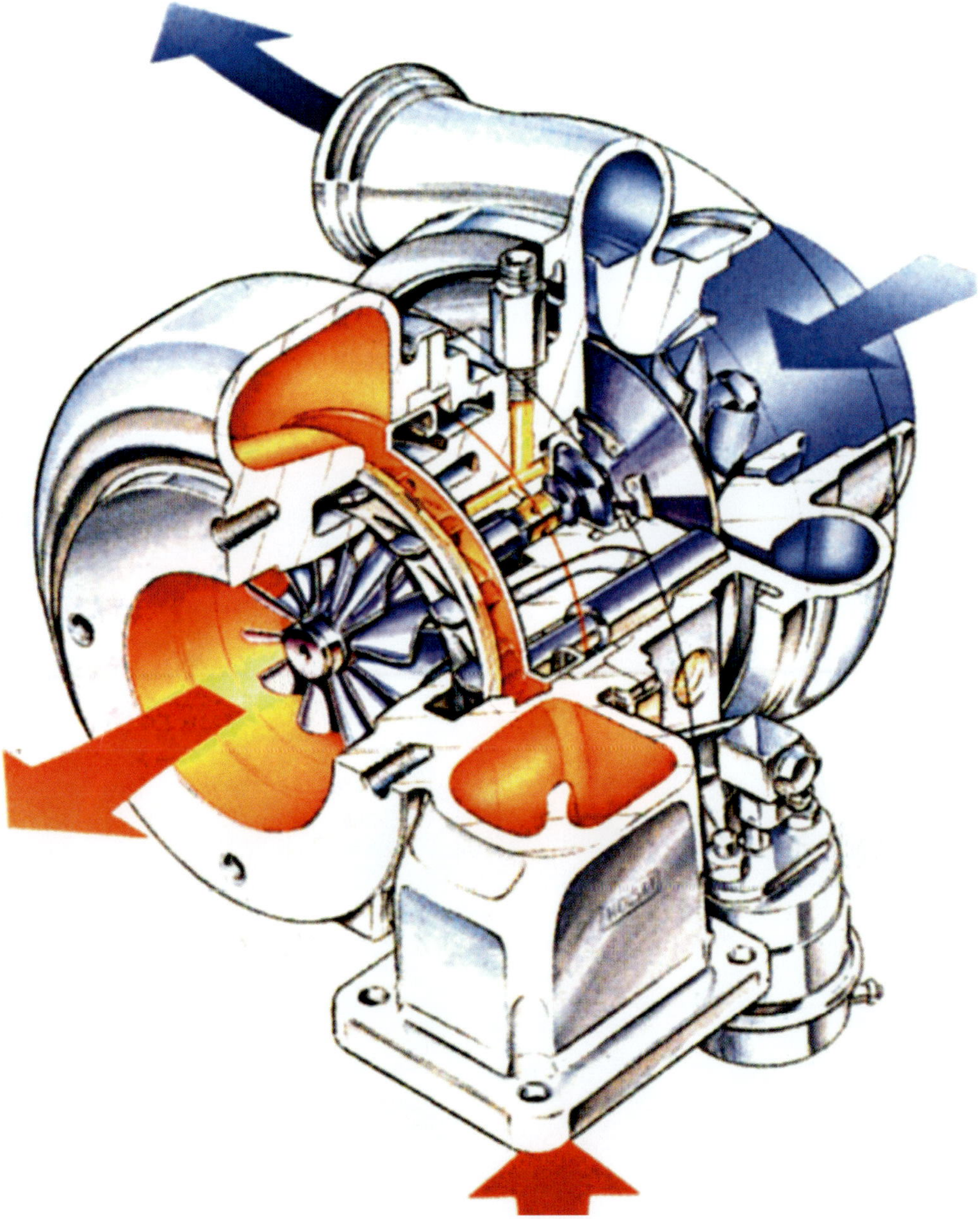

VTG-Lader mit verstellbaren Schaufeln, die rings um das Turbinenrad angeordnet sind. Ein Ladedruckregler bewirkt die Verstellung der Schaufeln.

des Sechszylinders und damit ein besonders früher Drehmoment- bzw. Zugkraftaufbau. Zum anderen profitierte auch die Abgasreinigung von der asymmetrischen Turbinenauslegung: Dank nur dreier mit einem Abgasrückführungskanal ausgestatteter Zylinder, konnte dort ein höheres Druckniveau vorgehalten werden, was wiederum zu einer Minderung des Kraftstoffverbrauchs um rund 3 % führte.

In der 2015 präsentierten zweiten Generation der asymmetrischen Aufladung überarbeiteten die Mercedes-Benz Entwickler das technische Konzept noch einmal mit Blick auf weitere Verbesserungen beim Verbrauch. Der optimal an die Erfordernisse des Motors angepasste asymmetrische Turbolader war übrigens von Mercedes-Benz selbst entwickelt worden und wies einen hohen Wirkungsgrad auf. Das Gesamtsystem mit seinem Verzicht auf eine variable Turbinengeometrie, eine Ladedruckregelung mittels Abblasventil sowie auf verschiedene Sensoren für die Regelung der Abgasrückführung zielte nicht zuletzt auf eine Reduzierung der Komplexität des Motors und damit auf eine weitere Optimierung der Zuverlässigkeit und Betriebssicherheit ab.

Ein solides Stück Nutzfahrzeugtechnik, gespickt mit innovativen Lösungen: Der 2011 präsentierte Sechszylinder der Mercedes-Benz Motorenbaureihe OM 471 war als technische Premiere mit einem asymmetrisch aufgebauten Turbolader versehen.

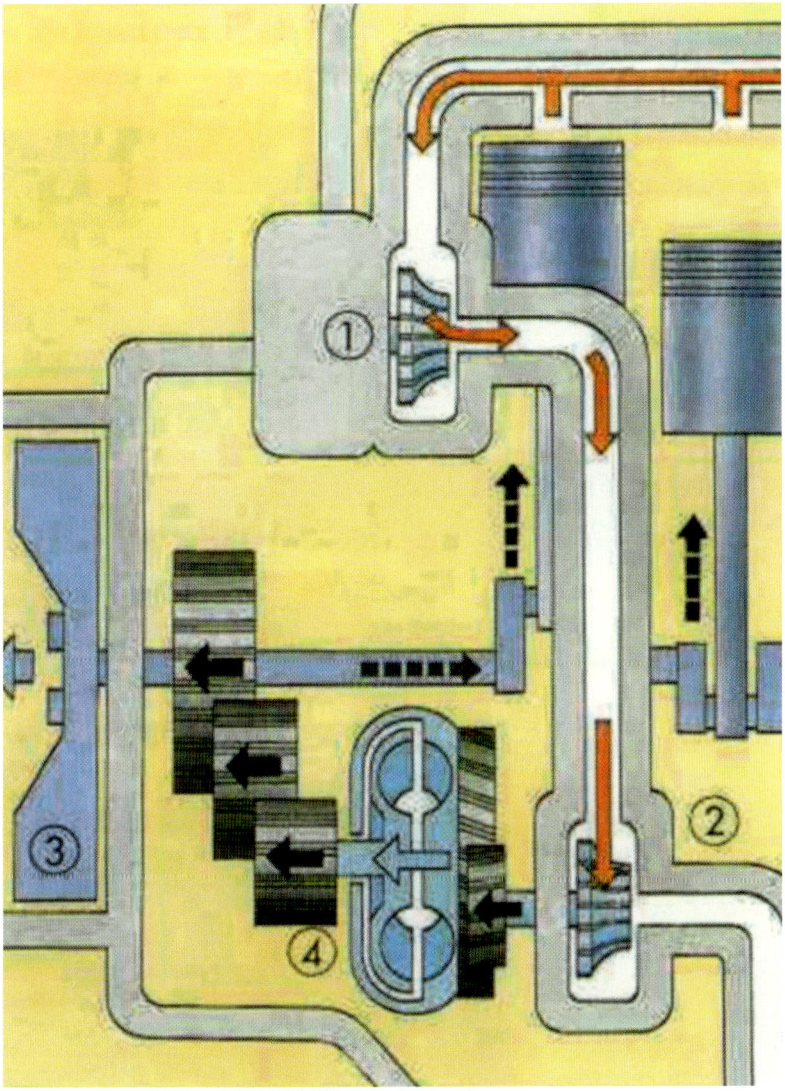

Schema einer Turbo-Compound-Aufladung: Die dem Abgasturbolader (1) nachgeschaltete Turbine (2) gibt mechanische Energie über die Flüssigkeitskupplung (4) und ein Untersetzungsgetriebe an die Kurbelwelle (3) ab.

Ebenfalls eine Weiterentwicklung der Turboaufladung – diesmal primär in Richtung Leistungssteigerung – stellte das sogenannte Turbo-Compound-Verfahren dar, das aus einem Abgasturbolader mit nachgeschalteter Abgasturbine besteht; Letztere wirkt über ein Getriebe mit hydraulischer Kupplung zur Entkoppelung der Schwingungen am antriebsseitigen Ende des Motors auf die Kurbelwelle und trägt zur weiteren Nutzung der Abgasenergie bei. Der Leistungsgewinn durch die Nachschaltturbine beträgt im höheren Leistungsbereich von Lkw-Motoren ca. 48 PS/35 kW. Neben dem Leistungsgewinn resultiert die Anwendung des Turbo-Compound-Systems auch in verminderten Verbrauchs- und Emissionswerten. Scania kam mit dieser technischen Lösung als erster auf den Markt, gefolgt von Volvo und Mercedes-Benz.

770 PS/566 kW aus einem in der Lkw-Branche mittlerweile singulären V8 mit 16 Litern Hubraum machen den Scania R 770 zur derzeit leistungsfähigsten Serien-Zugmaschine.

3.4.5
Die Leistungs-Champions

Trotz des sich abzeichnenden Umbruchs in der Antriebstechnologie – der allerdings in bestimmten Einsatzbereichen des Lkw wohl noch länger auf sich warten lassen wird – krönen die meisten renommierten Nutzfahrzeughersteller aus aller Welt ihre Modellpaletten mit wahren Kraftprotzen. Aktueller Champion aller Klassen ist Scania mit dem R 770, dessen knapp 16 Liter großer V8 770 PS/566 kW bereitstellt. Rang zwei belegt Volvo mit seinem Langstrecken-Lkw FH16, der 2009 präsentiert wurde. Aktuell ist dessen gut 16 Liter Hubraum aufweisendes Reihensechszylinder-Triebwerk auf 750 PS/552 kW justiert, bei einem Drehmomentmaximum von 3500 Nm.

Die beiden deutschen Hersteller Mercedes-Benz und MAN durchbrechen mit ihren leistungsstärksten Motorisierungsvarianten

Mit seinen 750 PS/552 kW ist der Volvo FH16 kaum weniger stark.

SCANIA
MLB 440

VOLVO

zwar nicht die 700-PS/515-kW-Marke, stellen aber mit den SLT-Versionen von Actros und Arocs sowie dem TGX die Marktführer im Inland. In puncto Leistung hat der MAN mit seinem 15,2-Liter-Reihensechszylinder knapp die Nase vorn. Das mit zwei Turboladern aufwartende Triebwerk speist 640 PS/471 kW in die Kraftübertragung. Actros SLT und Arocs SLT von Mercedes-Benz sind mit dem Reihensechszylinder-Triebwerk OM 473 ausgestattet. Das 15,6 Liter große Aggregat ist in drei Leistungsstufen verfügbar, von denen die stärkste eine Spitzenleistung von 625 PS/460 kW abgibt. Die sowohl im MAN wie bei den Mercedes-Benz Modellen eingesetzten Reihensechszylinder stemmen ein maximales Drehmoment von 3000 Nm auf die Kurbelwelle.

MAN führt mit seiner Baureihe TGX und der D38-Motorisierung, die in ihrer Spitzenversion 640 PS/471 kW bereitstellt, die Riege der Verfolger an.

Das Terrain des Arocs SLT ist anspruchsvollster Baustelleneinsatz.

Eine Leistungsklasse hinter den deutschen Vertretern findet auch der italienische IVECO Stralis XP europaweit seine Kundschaft. Trotz eines Hubraumdefizits von immerhin etwa 3000 cm³ leistet der Reihensechser mit der Bezeichnung Cursor 13 im Spitzenmodell aktuell 570 PS/419 kW. Weniger leistungsstark motorisiert als es ihr Gesamtauftritt vermuten lässt, sind im Übrigen die gewaltig dimensionierten, vor allem im Ferntransport eingesetzten schweren Trucks der führenden US-Hersteller Freightliner, Peterbilt und Kenworth. Die jeweiligen Spitzenmodelle übertreffen in ihrer Leistungsausbeute alle nur knapp die 600-PS/441-kW-Grenze. Der Cascadia, das Topmodell von Freightliner, wird von einem 15,6 Liter großen Reihensechszylinder angetrieben, der 608 PS/447 kW liefert und knapp

Mit 570 PS/419 kW aus weniger als 13 Litern Hubraum stellt die Spitzenmotorisierung der IVECO Stralis Baureihe eine hohe spezifische Leistung dar.

2800 Nm Drehmoment bereitstellt. Exakt die gleiche Leistung bringt der Cummins ISX15-Diesel im ähnlich konzipierten Peterbilt 587. Der Kenworth W990 als letzter Vertreter der traditionell gestalteten US-Trucks ist mit einem PACCAR-Reihensechszylinder ausgerüstet, der aus knapp 13 Litern Hubraum bis maximal 510 PS/375 kW schöpft.

Unter den exotischen Vertretern spielt der speziell für australische Road Trains konzipierte Mack Titan eine führende Rolle. Sein in die aktuelle Version eingebauter Sechszylinder ist ein an den speziellen Einsatzzweck angepasstes Volvo-Triebwerk der Baureihe D16. Das Aggregat mit rund 16 Litern Hubraum ist auf eine Höchst-

Der Cascadia ist das Spitzenmodell der US-amerikanischen Daimler-Truck-Marke Freightliner.

Bis heute entspricht der Kenworth W900 dem Bild des traditionellen US-Highway-Truck.

Nur noch für den australischen Markt mit seinen ganz speziellen Anforderungen ist der Mack Titan verfügbar. Der Antriebsstrang stammt aus dem Komponenten-Baukasten von Volvo.

leistung von 613 PS/451 kW spezifiziert. Noch weit exotischer – für deutsche Betrachter – muten dagegen die Fahrzeuge zum Beispiel von Tatra, KAMAZ oder GAZ, aber auch von Hino, Isuzu oder Hyundai an, die mit zum Teil ungewöhnlichen Motorkonfigurationen wie einem luftgekühlten Diesel-V8 oder einem Diesel-V12 in Leistungsbereiche bis zu 660 PS/485 kW vordringen. Auch Tata in Indien hat mit dem Prima seit einigen Jahren eine solche Baureihe im Programm, deren Spitzenversionen bis zu 560 PS/412 kW zur Verfügung stellen.

3.5 Alternative Antriebe für die Zukunft

Die Suche nach alternativen Antriebsformen hat keineswegs erst vor wenigen Jahrzehnten die Aufmerksamkeit von Entwicklungsingenieuren gefunden. Sie bewegte im Gegenteil bereits in der Frühzeit des Automobilismus die Gemüter von Erfindern und Konstrukteuren. So spielten die zu Beginn des 20. Jahrhunderts in einiger Vielfalt angebotenen Fahrzeuge mit Elektroantrieb eine durchaus ernstzunehmende Rolle als

Tata aus Indien ist mit seiner modern konzipierten Top-Baureihe Prima, deren Leistungsspektrum bis 560 PS/412 kW reicht, vor allem auf asiatischen Märkten erfolgreich.

Wettbewerber. Da es in den Pioniertagen vor allem um Wartungsarmut und Betriebssicherheit ging, bewegten sich vollelektrisch betriebene Fahrzeuge zeitweise mindestens auf Augenhöhe mit benzinbetriebenen. Doch die Entwicklung der Letzteren beschleunigte sich schnell, während die Limitierungen des Elektroantriebs immer deutlicher wurden. Bald schon gab es keine Energieträger mehr, die es mit den Vorteilen von Benzin und später Diesel aufnehmen konnten, und so etablierten sich diese Kraftstoffe für viele Jahrzehnte als optimale Lösung für den Antrieb von Pkw und Nutzfahrzeugen.

Erst die beginnende Sensibilisierung für Fragen des Umwelt- und Gesundheitsschutzes führte in der zweiten Hälfte der 1960er-Dekade zu einer systematischen Beschäftigung mit alternativen Antriebstechnologien, die sich für die folgenden Jahrzehnte ausschließlich auf den Pkw-Sektor beschränkte. In den 1970ern nahm dieser inzwischen auf gesellschaftlicher wie auf politischer Ebene geführte Diskurs an Fahrt auf und hinterfragte zunehmend die langfristigen Zukunftsperspektiven des Verbrennungsmotors. Zu dieser Zeit unternahm die Automobilindustrie erste erfolgversprechende Entwicklungsschritte auf den Forschungsfeldern Gas-, Methanol- und Wasserstoffantrieb, und auch erste praktikable Hybridkonzepte für Omnibusse im öffentlichen Personennahverkehr wurden erprobt.

Bis zur Jahrtausendwende und darüber hinaus blieben alternative Antriebsformen ein Primärthema des Pkw-Segments. Eine Ausnahme bildete lediglich, wie schon zuvor, der emissionstechnisch sensible Bereich der Stadtomnibusse. Lastwagen in ihren vielfältigen Ausprägungen und Einsatzprofilen setzten aus Gründen der Wirtschaftlichkeit unverändert auf die Dieselmotorisierung, deren umweltschädliche Emissionen durch immer strenger gefasste Abgasnormen begrenzt wurden. Die Nutzbarmachung der Lithium-Ionen-Batterietechnologie für den Pkw-Bau stellte dann ab etwa der Jahrtausendwende einen wesentlichen Schritt in Richtung einer zunächst lokal emissionsfreien E-Mobilität dar, dem sich auf Dauer auch die Nutzfahrzeugentwicklung nicht entziehen konnte, obwohl hier komplett andere, das heißt wesentlich schwierigere Rahmenbedingungen vorherrschen.

Mehrere Entwicklungsansätze haben sich seitdem für den Lkw-Bau herauskristallisiert: Im klein- und großrahmigen Verteilerverkehr mit seinen begrenzten Aktionsradien läuft die Linie in Richtung batterieelektrischer und für den Fernverkehr in Richtung Brennstoffzellen-basierter E-Antrieb. Eine zweite zielt bis auf Weiteres auf eine Optimierung bisheriger, auf dem Verbrennungsmotor basierender Antriebsformen ab und konzentriert sich dabei auf alternative Treibstoffe wie komprimierte oder verflüssigte Erdgase (CNG bzw. LNG) sowie Wasserstoff. Entscheidende Parameter bilden in beiden Fällen der Aufbau einer flächendeckenden Versorgungsinfrastruktur sowie die »grüne«, das heißt CO_2-neutrale Erzeugung des jeweiligen Energieträgers. Im Nutzfahrzeugsektor sind sämtliche Anstrengungen der am Transformationsprozess beteiligten Akteure auf die Erreichung der vorgegebenen Klimaziele unter bestmöglicher Berücksichtigung der Wirtschaftlichkeitserfordernisse der Transportbranche ausgerichtet.

3.5.1 Batterieelektrischer Antrieb

Bereits 2016 stellte Mercedes-Benz Trucks das Konzeptfahrzeug eines schweren elektrischen Verteiler-Lastwagens für den städtischen und stadtnahen Raum vor, bei dem die technischen Grundprobleme soweit gelöst waren,

Der vollelektrische eActros für den schweren Verteilerverkehr fährt lokal emissionsfrei und leise in Städten. Die Reichweite des Lkw beträgt bis zu 200 Kilometer mit gewohnter Fahrleistung und Nutzlast – genug für den gedachten Einsatzbereich.

dass eine Serienfertigung bereits eine realistische Perspektive darstellte. Da im Transportgewerbe aber hoher Preis- und Konkurrenzdruck herrschen, muss ein solcher vollelektrisch angetriebener Truck jedoch zunächst einmal seine wirtschaftliche Wettbewerbsfähigkeit und technische Alltagstauglichkeit unter Beweis stellen. So startete nach anderthalbjähriger Weiterentwicklung und Verfeinerung der eActros genannte Lkw 2018 in einen groß angelegten Flottentest unter Teilnahme von zehn renommierten Unternehmen aus unterschiedlichen Branchen, die mit je einem eActros unterschiedlichste Waren – von Lebensmittel bis zu Bau- und Werkstoffen – im Stadtverkehr verteilen. Im täglichen Regelbetrieb sollten Aufschlüsse darüber gewonnen werden, ob die neue Antriebstechnologie in jeder Hinsicht mit den traditionellen Verbrennungsmotoren konkurrieren kann oder ihr gar überlegen ist. Angelegt war der Test zunächst auf ein Jahr, bevor zehn andere Unternehmen mit ihren individuellen Anforderungen an den Transport im Verteilerverkehr den eActros weitere 12 Monate auf Herz und Nieren testen sollten.

Der Rahmen des eActros basiert auf dem des gleichnamigen Mercedes-Benz Lkw, weist aber eine vollständig auf Elektroantrieb abgestimmte Auslegung mit einem hohen Anteil an spezifischen Teilen auf. So baut beispielsweise die Antriebsachse auf einer von ZF zuglieferten Niederflur-Portalachse auf, die in Hybrid- und Brennstoffzellen-Omnibussen von Mercedes-Benz zum Einsatz kommt und für den eActros wesentlich überarbeitet worden ist. Der Achskörper war komplett neu konzipiert und lag deutlich höher, was die Bodenfreiheit des Lastwagens auf mehr als 200 mm anwachsen ließ. Der Antrieb des Elektro-Lkw erfolgt über zwei Elektromotoren nahe den Hinterachs-Radnaben. Die E-Maschinen sind flüssigkeitsgekühlt und arbeiten mit einer Nennspannung von 400 Volt. Ihre Leistung beläuft sich auf jeweils 125 kW, das maximale Drehmoment auf jeweils 485 Nm. Nach der Übersetzung werden daraus jeweils 11.000 Nm. So motorisiert erreichte der nahezu flüsterleise eActros das Fahrleistungsniveau seiner dieselgetriebenen Brüder. Auch die maximal zulässige Achslast von 11,5 Tonnen lag im Bereich vergleichbarer Diesel-Lkw.

Die Energie für eine Reichweite von bis zu 200 Kilometern – das entspricht den üblichen Tagesanforderungen im urbanen Verteilerverkehr – kommt aus Lithium-Ionen-Akkupacks mit 240 kWh. Insgesamt sind die Batterien in elf jeweils von einem Stahlgehäuse geschützten Paketen zusammengefasst: Drei befinden sich im Bereich des Rahmens, die anderen acht unterhalb desselben. Für den Fall eines schweren Aufpralls sind die Halterungen der Batteriepakete verformbar ausgeführt und leiten so die einwirkende Energie an den Batterien vorbei, ohne sie zu beschädigen. Diese Hochvolt-Batterien speisen nicht nur den Antrieb, sondern das komplette Fahrzeug mit Energie. So werden beispielsweise Nebenaggregate wie der Druckluftkompressor der Bremsanlage, die Servopumpe für die Lenkunterstützung, der Kompressor der Fahrerhaus-

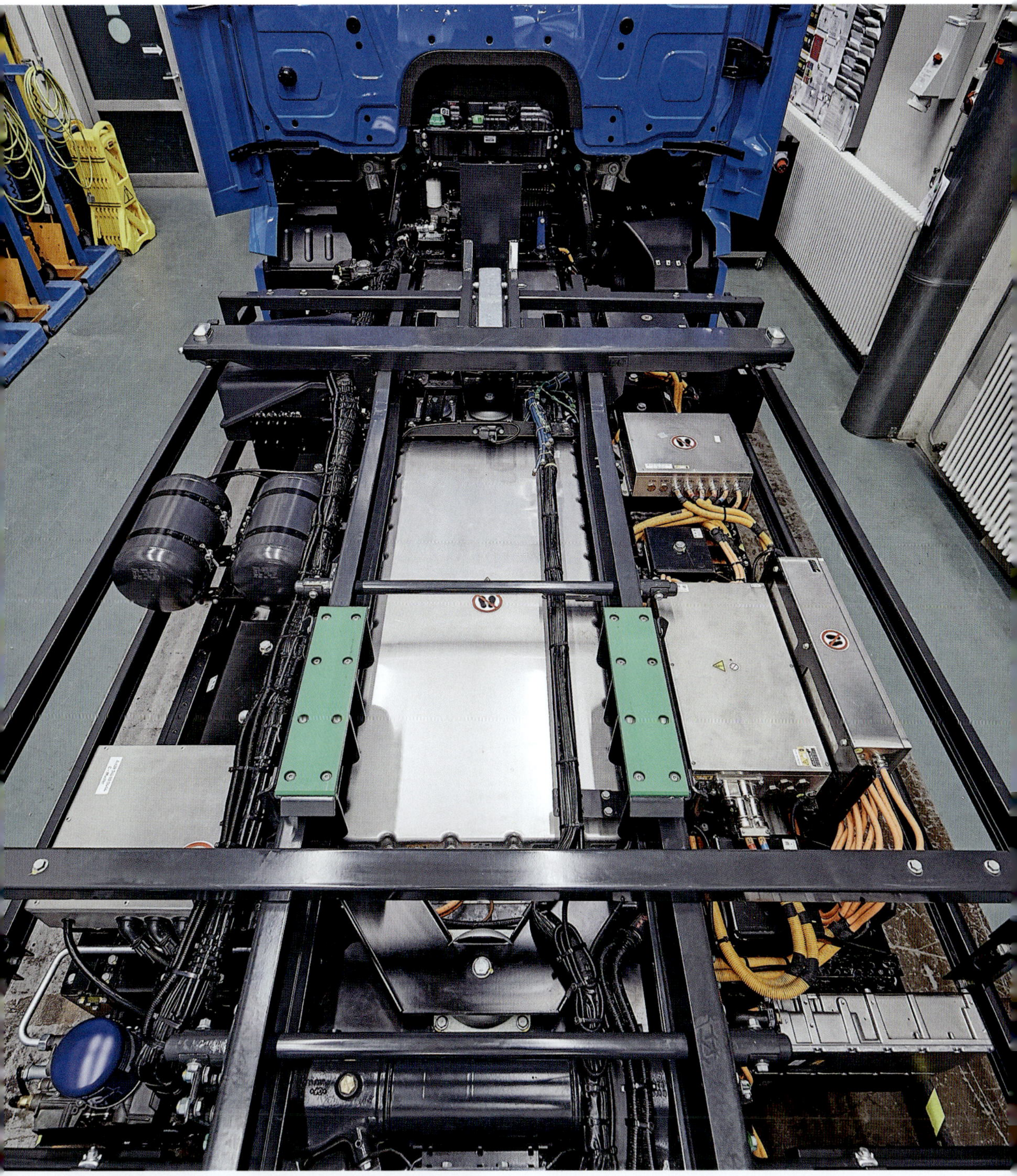

Auf den ersten Blick scheint das Chassis des eActros sich nicht von dem einer herkömmlichen Dieselversion zu unterscheiden. Dennoch zeigt das Elektromodell im Detail zahlreiche Veränderungen, zum Beispiel wenn es um die Unterbringung der elf Batteriepakete geht.

Die Hochvolt-Powerpacks werden von einer hochstabilen Stahlummantelung geschützt, die auch im Fall eines schweren Aufpralls Schlimmeres verhindert – immerhin sind hier 400 Volt am Werk...

Klimaanlage und ggf. der Kühlaufbau ebenfalls elektrisch betrieben. Das eigentliche Bordnetz des Lkw umfasst zwei herkömmliche 12-Volt-Batterien, die ebenfalls aus den Hochvolt-Batterien gespeist werden. So können bei Ausfall oder Abschalten des Hochvolt-Netzes relevante Fahrzeugfunktionen wie Licht, Blinker, Brems- und Luftfedersysteme sowie die Fahrerhaussysteme in Betrieb gehalten werden. Der Prozess des Wiederaufladens der Powerpacks beim Einsatz typischer mobiler Ladegeräte im Fuhrpark dauert zwischen drei und elf Stunden – Zeiten, in denen die Lkw mangels Einsatzbereitschaft kein Geld verdienen können.

Dies ist nur eine von zahlreichen, vor allem betriebswirtschaftlichen Fragestellungen, die batterieelektrisch angetriebene Verteiler-Lkw überzeugend beantworten müssen; eine andere ist die tatsächliche Öko-Bilanz des Elektro-Lkw im Vergleich zum Diesel-Trucks über den gesamten Lebenszyklus hinweg. Mittlerweile ist der eActros in die Serienfertigung übernommen worden, doch vorerst rechnet der Hersteller wegen der hohen Verkaufspreise und der noch erheblichen Limitationen des Elektrobetriebs, vor allem in puncto Ladeinfrastruktur und Ladezeiten, nicht mit hohen Absatzzahlen.

3.5.2
Brennstoffzellen-basierter E-Antrieb

Obwohl das Funktionsprinzip der Brennstoffzelle schon vor gut 180 Jahren erfunden wurde und es seit den 1950ern umfangreiche Forschungs- und Entwicklungsanstrengungen gegeben hat, das System für die verschiedensten Anwendungen tauglich und vor allem handhabbar zu machen, ist es im Bereich Fahrzeugantrieb erst seit rund 30 Jahren ein wichtiges Thema. Wobei der häufig benutzte Begriff »Brennstoffzellenantrieb« irreführend ist, denn es handelt sich dabei nicht um einen Antrieb, sondern um einen Energiewandler, der das eigentliche Antriebsaggregat, den Elektromotor, mit Strom versorgt. Tatsächlich wird in einer galvanischen Zelle, der Brenn-

Intensive Erprobungen mit dem next level Mercedes-Benz GenH2 Truck dienen zur Vorbereitung der Marktreinführung für den Brennstoffzellen-Lkw.

stoffzelle, durch die Reaktion von Sauerstoff und einem Brennstoff – zum Beispiel Wasserstoff, Methangas, Methanol oder Dieselkraftstoff – elektrische Energie gewonnen.

Besonderen Schwung erhielt die Entwicklung der zum Fahrzeugantrieb bestimmten Brennstoffzelle dadurch, dass vor allem mit Wasserstoff als Primärenergieträger die lokal entstehenden Emissionen der chemischen Reaktion aus bloßem Wasserdampf bestehen – eine vermeintlich perfekte Lösung für das immer drängender werdende Problem des Schadstoffausstoßes insbesondere von

Die Komponenten des Wasserstoff-basierten Brennstoffzellensystems sind hinter dem Fahrerhaus untergebracht. Noch weitgehend ungeklärt sind die Perspektiven der Versorgungsinfrastruktur und die umfassende Verfügbarkeit von »grünem« H_2.

Kraftfahrzeugen. Es zeigte sich jedoch im Verlauf der jahrzehntelangen Bemühungen aller damit befassten Ingenieure, dass es eine Vielzahl von technischen Hürden zu überwinden galt, bis Brennstoffzellen praktikabel in Fahrzeugen eingesetzt werden konnten. Hier spielten vor allem die Frage der baulichen Größe einer Brennstoffzelle, ihre Leistungsfähigkeit und die Unterbringung des idealerweise als Primärenergieträger fungierenden Wasserstoffs eine zentrale Rolle – ganz abgesehen vom zugrundeliegenden Thema des notwendigen Aufbaus einer Versorgungsinfrastruktur mittels entsprechend umgerüsteten Tankstellen.

Während sich die Entwicklungsanstrengungen ab ihrem Beginn im Jahr 1994 zunächst auf eine Nutzung im Pkw konzentrierten, präsentierte die damalige DaimlerChrysler AG bereits drei Jahre später einen ersten Versuchs-Omnibus mit Brennstoffzelle. Ihm folgte 2002 der Citaro BZ, von dem fast 40 Exemplare von 2003 bis 2009 bei 12 Verkehrsbetrieben auf drei Kontinenten 140.000 Betriebsstunden und über 2,2 Mio. Einsatzkilometer anhäuften und die Praxistauglichkeit der Brennstoffzellen-

Mittlerweile sehr kompakt: das Twin-Brennstoffzellensystem von cellcentric für den schweren Lkw-Einsatz.

Technologie nachwiesen. Mit dem weiter verbesserten Citaro FuelCELL-Hybrid stellte Daimler 2009 die dritte Fahrzeuggeneration als Hybridbus mit Speicherbatterie vor. Diese wurde unter anderem in Hamburg bis Anfang 2019 weiteren umfangreichen Erprobungen im Linieneinsatz unterzogen.

Für den gewerblichen Güterfernverkehr wird das Konzept des Brennstoffzellen-basierten E-Antriebs inzwischen auch als zukunftsträchtig betrachtet – zumindest von Daimler Trucks und Volvo Truck and Buses, die sich in einem Joint Venture zur Entwicklung, Produktion und Vermarktung solcher Antriebssysteme zusammengetan haben. Aktuell befindet sich der next level Mercedes-Benz GenH2 Truck als erster Fernverkehrs-Lkw mit solch einem Elektroantrieb in umfassenden Erprobungen und nähert sich der Serientauglichkeit. Vorerst ungeklärt bleiben auch hier allerdings noch Fragen der Wirtschaftlichkeit und der genügenden Verfügbarmachung von CO_2-neutral erzeugtem Wasserstoff.

3.5.3
Hybridantrieb

Mit deutlicher Verspätung gegenüber dem Pkw-Bereich wurde die Hybrid-Technologie ab 2006 auch in einigen wenigen Nutzfahrzeugbaureihen eingeführt. Trotz vielversprechendem Start erwies sich das aufwendige Antriebssystem im Lkw als längst nicht so zukunftsweisend wie ursprünglich gedacht. Pionier des Einsatzes im Nutzfahrzeug war die japanische Mitsubishi Fuso Bus and Truck Corporation, die seit 2011 zu Daimler Trucks gehört. Fuso erkannte früh die Notwendigkeit, auch im Lkw-Bereich Antriebssysteme zu entwickeln, die die Umwelt nachhaltig entlasteten. Durch die gegenüber dem Pkw-Bau völlig unterschiedlichen Anforderungsprofile im Nutzfahrzeugbereich, wo vor allem die Kosten/Nutzen-Rechnung im Vordergrund steht, konnte erst 2006 mit dem Leicht-Lkw Fuso Canter Eco Hybrid ein Fahrzeug präsentiert werden, das tatsächlich Absatzchancen hatte.

Der weltweit erste in Serie produzierte Hybrid-Lkw war mit einem Fahrzeuggewicht

Die 2012 eingeführte zweite Generation des Canter Eco Hybrid war stärker motorisiert und deckte die Gewichtsklasse bis 7,5 t ab. Vor allem auf dem japanischen Markt erzielte das im Lkw innovative Antriebskonzept anfangs einige Verkaufserfolge.

Mercedes-Benz stellte 2012 mit dem Atego BlueTec Hybrid ein vergleichbares Fahrzeugkonzept vor, siedelte es aber in der 12-t-Klasse an. Nur wenige Kunden ließen sich begeistern, und im »Neuen Atego« von 2013 war es wieder verschwunden.

von maximal knapp 2,9 t und einer Zuladung von 2 bis 3 t besonders für zahlreiche Anwendungen im städtischen Lieferverkehr, in der kommunalen Entsorgung und anderen Bereichen konzipiert worden. Herzstück des im Lkw-Bau innovativen Antriebsstrangs war ein neu entwickelter ladeluftgekühlter 3-Liter-Turbodiesel-Vierzylinder, der 125 PS/ 92 kW bereitstellte und mit umfangreichen Abgasreinigungs-Technologien ausgerüstet war. Ergänzt wurde der Verbrennungsmotor durch einen ultraschmalen Elektromotor, der gleichzeitig als Generator fungierte, eine Lithium-Ionen-Batterie als Energiespeicher und ein automatisiertes Schaltgetriebe. Dabei war der Canter Eco Hybrid als Parallel-Hybrid ausgelegt, konnte also durch den Elektromotor, den Dieselmotor oder beide Aggregate zugleich angetrieben werden.

Je nach Fahrsituation wurde der Betriebsmodus automatisch gesteuert. So kam der reine Elektroantrieb beim Anfahren zum Einsatz, bei kräftigen Beschleunigungsmanövern Verbrenner und E-Motor gemeinsam und bei konstantem Fahren das Dieseltriebwerk allein. Immer wenn der Fahrer bremste, wirkte der Elektromotor als Generator, rekuperierte die anfallende Energie und speicherte diese in der

Lithium-Ionen-Batterie, wo sie für die nächsten Anfahrts- oder Beschleunigungsvorgänge abgerufen werden konnte.

Die Kundenerfahrungen mit dem Hybrid-Lkw fielen sehr positiv aus und allein in Japan stiegen die Verkaufszahlen in den darauffolgenden Jahren auf fast 1000 Fahrzeuge. In der Folge wurden auch erste Exportmärkte bedient, zum Beispiel Australien, Hongkong, Irland und Großbritannien.

Eine Nummer größer war der 2010 von Mercedes-Benz vorgestellte Atego BlueTec Hybrid, der ebenfalls als Parallel-Hybrid ausgelegt war. Der 12-Tonner wurde von einem kompakten Vierzylinder-Dieselmotor mit 4,8 Litern Hubraum und einer Leistung von 218 PS/160 kW angetrieben, dem ein wassergekühlter Elektromotor mit einer Spitzenleistung von 44 kW zur Seite gestellt wurde. Das Fahrzeug bewies in umfangreichen Flottentests, dass die Hybrid-Antriebstechnologie im Regelbetrieb Verbrauchs- und damit CO_2-Emissionsreduzierungen von mindestens 15 % ermöglichte.

Während europäische Lkw-Hersteller wie Mercedes-Benz mit ihren Hybridfahrzeugen noch in Flottenerprobungen steckten, brachte Fuso 2012 schon die wesentlich weiterentwickelte zweite Generation des Canter Eco Hybrid als Serienfahrzeug heraus. Dabei erschlossen nun erstmals linksgelenkte

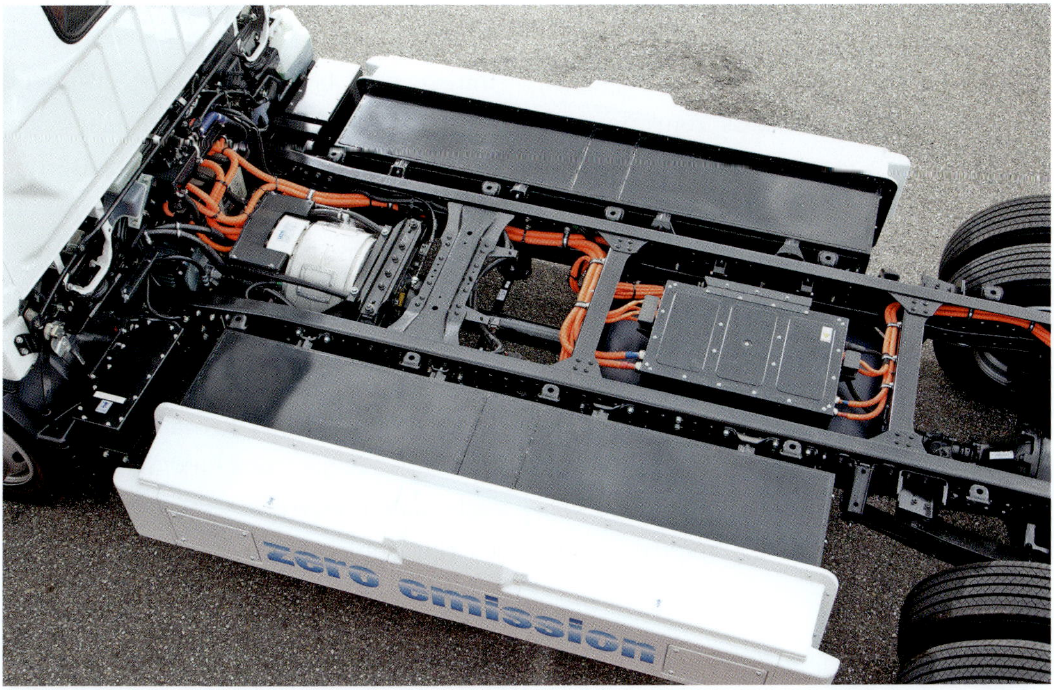

Zwar war der aufwendige Antriebsstrang mit dem zusätzlichen Elektromotor, den voluminösen Batterien und der anspruchsvollen Steuerungselektronik kompakt in den Rahmen des Atego integriert, doch erwiesen sich für Lkw-Betreiber die Kosten als zu hoch.

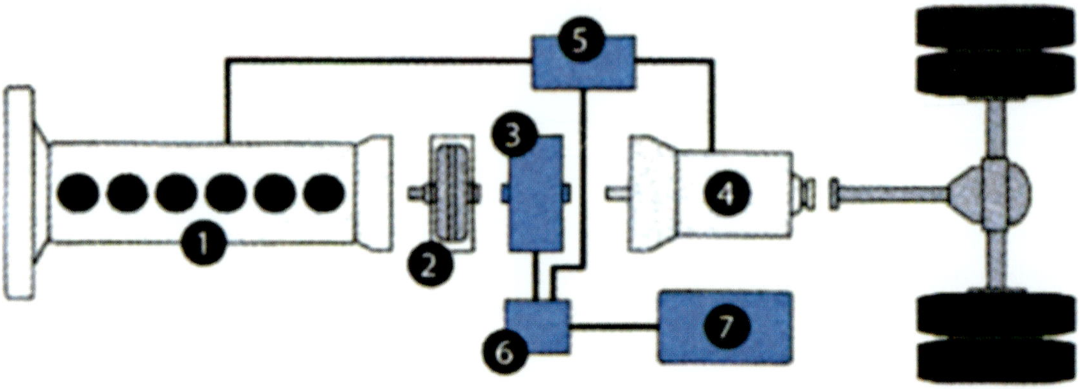

Hybridantrieb von Volvo für schwere Lkw: 1. Dieselmotor, 2. Kupplung, 3. E-Motor/Generator, 4. Volvo Automatikgetriebe, 5. Elektronische Steuerung, 6. Wechselstrom-Gleichstrom-Umrichter, 7. Batterien

Versionen neue Exportmöglichkeiten nach Europa und in die USA. Zudem wurde das Gewichts- bzw. Nutzlastspektrum nach oben erweitert.

Zu diesem Zeitpunkt kristallisierte sich jedoch immer stärker heraus, dass zumindest im kostensensiblen europäischen Transportgewerbe nur wenig Absatzchancen für die aufwendigen Hybridversionen bestanden. Es wurde deutlich, dass es sich beim Hybridantrieb – stärker noch als beim Pkw – um eine zu kostspielige Brückentechnologie handelte. Die Zukunft lag eindeutig beim vollelektrischen Antrieb – trotz seiner zahlreichen spezifischen Probleme zum Beispiel in puncto Reichweite und Nutzlastreduzierung.

3.5.4
Innovative Konzepte

Mit Blick auf die Elektrifizierung auch des Nutzfahrzeugbereichs wurden in den letzten Jahren manche innovativen Ideen präsentiert und in ersten Versuchsreihen getestet. Eine davon ist das sogenannte »eHighway«-System, dass das schon über 100 Jahre alte und im innerstädtischen Personennahverkehr tausendfach bewährte Prinzip eines Antriebs per Oberleitung variiert. Allerdings stellt der Gütertransport über Land per Lkw ganz andere Anforderungen: Dürften im kurzen bis mittleren Verteilerverkehr batterieelektrisch fahrende Lkw und große Transporter mittelfristig noch rentabel betrieben werden können, so gestaltet sich die Situation im Lkw-Fernverkehr ganz anders. Hier muss das Transportgut vielfach über tausende Kilometer befördert und dann noch in der Feinverteilung an seinen Bestimmungsort gebracht werden.

Da zusätzliche längere Fahrpausen durch erforderliche Batterieaufladezeiten nicht wirtschaftlich sind und auch die entsprechend dichte Ladeinfrastruktur an Autobahnen und anderen Fernstraßen gerade erst im Begriff ist

Eine schwere Zugmaschine für den Güterfernverkehr mit ausgefahrenem Stromabnehmer ist noch ein ungewöhnlicher Anblick. Derzeit befindet sich diese traditionsreiche, aber vielleicht auch zukunftsträchtige Technologie in der Erprobungsphase.

zu entstehen, erscheint die Schaffung von eHighways, auf denen vollelektrische und Hybrid-Lkw dank einer elektrischen Oberleitungsstruktur mit Strom versorgt werden können, zumindest als Interimslösung eine interessante Perspektive zu bieten, um die CO_2- und Feinstaubbelastung nachhaltig zu verringern. Dabei sind eHighways nichts anderes als Autobahnen, die mit einer Oberleitung für die rechte Fahrspur ausgestattet sind. Kostenseitig erscheint dieses Konzept ebenfalls nicht unrealistisch zu sein, da weder der Bau von Oberleitungssystemen noch die Ausstattung der Lkw mit Stromabnehmern unüberschaubare Investitionen erfordert.

Im konkreten Einsatz sollen künftige vollelektrische Lastwagen auf eHighways die Langdistanz ihres Transportwegs zurücklegen, beim Abfahren von der Fernverkehrsstraße die Stromabnehmer einklappen und sich dann mit voll aufgeladenen Energiespeichern elektrisch und lokal emissionsfrei zu ihrem nicht allzu weit entfernten Ziel bewegen, wo sie Strom nachladen können oder müssen.

Da es im Güterfernverkehr ganz besonders auf Effizienz und Wirtschaftlichkeit ankommt, hat Siemens im Jahr 2012 bei seiner Vorstellung des eHighway-Konzepts ein modular aufgebautes Lkw-Antriebssystem vorgesehen, das für den Betrieb außerhalb elektrifizierter Streckenabschnitte je nach Einsatzprofil sowohl herkömmlich oder mit Gas betriebene Verbrennungsmotoren, vollständig von Energiespeichern gespeiste Elektromotoren und selbst Strom

So könnte ein Teil des zukünftigen Lkw-Fernverkehrs aussehen – mit leisem Elektroantrieb, deutlich verringerten oder lokal sogar völlig frei von Emissionen und dabei dennoch ähnlich flexibel wie bisher.

erzeugende Brennstoffzellensysteme erlaubt. Aktuell wird in Deutschland auf ersten Autobahn-Testabschnitten der eHighway-Betrieb mit entsprechend ausgerüsteten Lastwagen im Alltagsverkehr erprobt. Aussagekräftige Resultate im Hinblick auf die Praktikabilität und Effizienz dieses Konzepts werden allerdings noch eine Weile auf sich warten lassen.

Ein anderer, inzwischen gescheiterter Lösungsvorschlag zur Effizienzsteigerung im Güterfernverkehr war das 2009 erstmals vorgestellte sogenannte »Platooning«. Es setzte nicht an der Antriebstechnologie der Fahrzeuge an, sondern beschränkte sich darauf, mehrere konventionell angetriebene Lastzüge mithilfe eines elektronischen Steuerungssystems so miteinander zu

vernetzen, dass sie – primär im Mittel- und Langstreckenverkehr auf Autobahnen – bis hin zur maximal zulässigen Geschwindigkeit in einem Abstand von nur 15 Metern hintereinanderfahren können, ohne dass die allgemeine Verkehrssicherheit auf irgendeine Weise beeinträchtigt wird. Diese innovative computergesteuerte Art des Kolonnenfahrens, deren Entwicklung zeitweise von der EU gefördert wurde, versprach eine ganze Reihe von Vorteilen.

Der wesentlichste Pluspunkt des Platooning-Systems bestand in einer erheblichen Reduzierung des Kraftstoffverbrauchs und folglich der Schadstoffemissionen durch die aerodynamisch günstige Kolonnenfahrt, bei der Windschatteneffekte zum Tragen kamen. Vermutungen der Entwickler liefen auf eine Ersparnis von bis zu 10 % auf 100 Kilometern hinaus. Vorteile für die allgemeine Verkehrssituation ergaben sich vor allem durch die verringerte Staugefahr, die das vollelektronisch geregelte Fahren des Platooning-Systems – zumindest potenziell – mit sich brachte. Eine höhere mögliche Transportkapazität durch die deutlich effizientere Nutzung des Verkehrsraums war ein weiterer

Vorzug. Er resultierte aus dem geringeren Abstand der Fahrzeuge, da ein Verbund aus drei gekoppelten Lkw nur noch 80 Meter Fahrbahnfläche benötigte, während drei nicht elektronisch miteinander gekoppelte Lkw mindestens 150 Meter Platz beanspruchten. Ebenfalls auf der Habenseite stand das größere Maß an Verkehrssicherheit, da der menschliche Faktor, der bei fast 95 % der Unfälle eine entscheidende Rolle spielt, durch die computergesteuerte Kolonnenfahrt weitgehend neutralisiert wurde. Das betraf zum einen Aufmerksamkeitsdefizite des Fahrers, aber zum anderen auch die Reaktionszeit bei plötzlichen Bremsmanövern. Dank einer Verkürzung der letzteren beim vernetzten Fahren konnte Platooning maßgeblich dazu beitragen, Auffahrunfälle wie beispielsweise an Stauenden auf Autobahnen deutlich zu verringern.

Diesen Vorteilen standen aber auch zahlreiche tiefgreifende Nachteile gegenüber. So stellte sich bei diesem wie bei allen Elektronik-basierten Regelsystemen die entscheidende Frage nach der Systemsicherheit. Die hierbei eingesetzte WLAN-basierte Vehicle-to-Vehicle-Kommunikation, die mit verschiedenen

Die digitale Vernetzung und Kopplung von Lkw zu einem Konvoi aus zwei oder drei Fahrzeugen resultiert auf der Langstrecke grundsätzlich in einer gewissen Kraftstoffersparnis und der damit verbundenen Reduzierung von CO_2-Emissionen.

Voraussetzung für ein Platooning-System ist die Ausstattung der betreffenden Fahrzeuge mit einer hochkomplexen Vehicle-to-vehicle-Kommunikation und verschiedenen Fahrerassistenzsystemen.

Fahrerassistenzsystemen wie Abstandsregel-Tempomat, Spurhalte-Assistent und Notbremsassistent interagierte, wies grundsätzlich eine gewisse Störanfälligkeit auf. Schon kleine Beeinträchtigungen der Regelqualität, wie sie etwa durch mutwillige Hackerangriffe hervorgerufen werden konnten, führten zum Beispiel bei nur leicht veränderter Geschwindigkeit des Führungsfahrzeugs zu sich immer stärker aufschaukelnden Abweichungen innerhalb der vernetzten Lkw-Kolonne. Ähnlich wie bei ungeregeltem, zähfließendem Verkehr kam es dann zum sogenannten »Resonanzchaos«, das hohes Unfallpotenzial in sich barg. Auch das Thema der stärker belasteten Fahrbahnoberflächen, die sich durch die beim Platooning höhere Zahl von Lkw ergaben, war völlig ungeklärt. Die ebenfalls notwendig werdenden zahlreichen Änderungen in der Straßenverkehrsordnung waren da noch das kleinste Problem. Zum Scheitern verurteilt war das Konzept aber vor allem wegen der ungenügenden Umweltentlastung.

3.5.5 Alternative Kraftstoffe

Da gasförmige Treibstoffe zumeist hochbrisant und problematisch zu speichern sind, wurden sie erst spät zu einer Option als Nutzfahrzeugantrieb. Nach der Lösung aller Probleme der Handhabbarkeit fanden sie wegen ihrer vergleichsweise günstigen Schadstoffbilanz im Segment der Stadtlinienomnibusse in den vergangenen rund drei Jahrzehnten eine gewisse Verbreitung in Form von komprimiertem oder verflüssigtem Erdgas. Ob und in welcher Form solche Treibstoffe – bei denen nun zunehmend auch Reinwasserstoff in den Blick gerät – im Nutzfahrzeugbereich unter den sich abzeichnenden Bedingungen eine Zukunft haben werden, ist noch nicht abzusehen. Entscheidender Parameter dafür dürfte die Errichtung einer flächendeckenden Versorgungsinfrastruktur sowie die »grüne«, das heißt CO_2-neutrale Erzeugung des jeweiligen Energieträgers sein. Flüssige Biokraftstoffe hingegen, die zeitweise stärker im Fokus des Interesses standen, haben inzwischen kaum mehr eine Perspektive.

3.5.5.1 Gas als Antriebsform

In den Jahren von 1935 bis 1945 wurden an Bord montierte Anlagen zur Erzeugung von Holzgas als Kraftstoff für Lastkraftwagen eingeführt. Um deren schlechten Wirkungsgrad zu erhöhen, rüstete der schweizerische

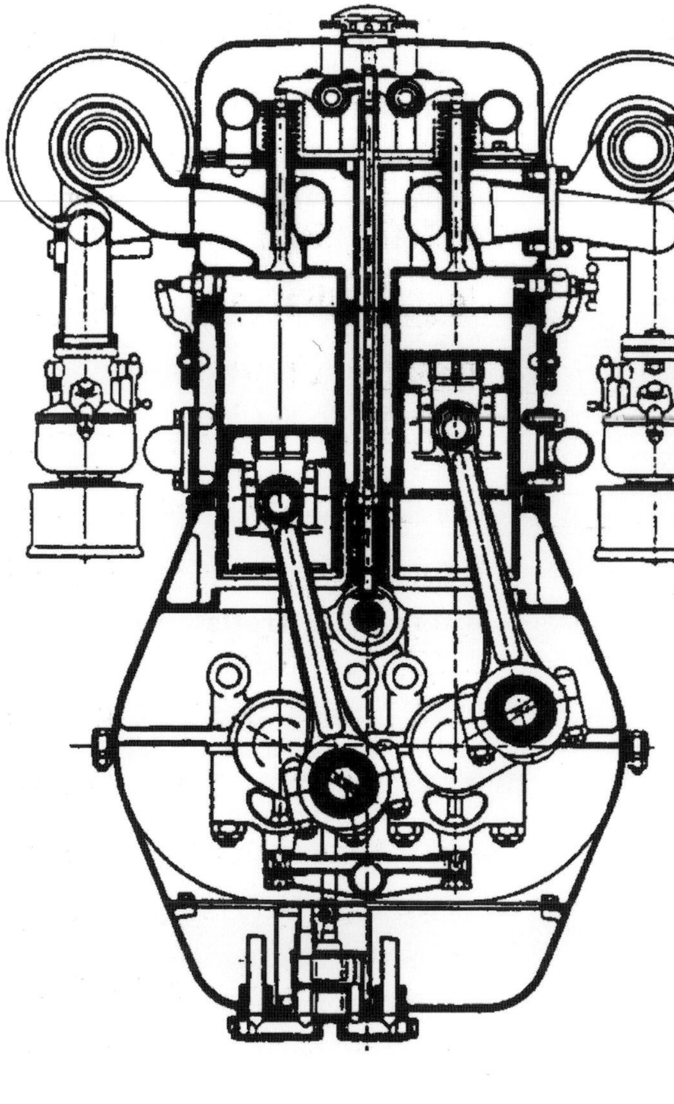

Henschel-Doppelmotor mit 2 x 6 Zylindern für Holzgasantrieb von 1937.

Hersteller FBW um 1943 den Motor eines 6-t-LKW mit einem der ersten Abgasturbolader für Fahrzeugmotoren von Brown Boveri aus. Dieser verdichtete die Ansaugluft vor dem Gaserzeuger, bewirkte eine Aufladung des Motors und glich zum Teil den Leistungsabfall aus. Der Betrieb mit Holzgas blieb dennoch nur eine Notlösung und verschwand nach dem Zweiten Weltkrieg von der Bildfläche.

Jahrzehnte später wurde der Gasantrieb zu einem vielversprechenden Mittel, um die Ökobilanz von Nutzfahrzeugen erkennbar zu verbessern. In den kritischen Bereichen Kohlendioxid und Rußpartikel lassen sich gasbetriebene Nutzfahrzeuge tatsächlich umweltschonender betreiben. Hersteller wie Mercedes-Benz, Volvo oder IVECO bieten zum Teil seit längerem in der mittleren und neuerdings sogar in der schweren Klasse vereinzelt Gasmotoren als Antriebsalternative an. Neben der besseren Umweltbilanz werden hier vor allem die geringeren Betriebskosten als Argument ins Feld geführt, um vom klassischen Diesel umzusteigen.

In Nutzfahrzeugen kommt Erdgas als fossiler Brennstoff in komprimierter Form als sogenanntes »Compressed Natural Gas«, kurz CNG, oder seit jüngerer Zeit in verflüssigter Form als »Liquified Natural Gas« (LNG) zum

Mercedes-Benz Econic als Zugmaschine nutzt den Raum über dem niedrigen Fahrerhaus zur Unterbringung der Druckbehälter für CNG.

Einsatz. Die Motoren, die mit diesen Betriebsstoffen arbeiten können, basieren auf den Dieselaggregaten der jeweils bekannten Motorenpalette, ähneln aber – je nach Hersteller – in ihrem Funktionsprinzip manchmal eher den fremdgezündeten Ottomotoren. Ein Beispiel für einen auf CNG-Betrieb umgestellten Dieselmotor war der 2014 im Mercedes-Benz Econic NGT als Antriebsalternative vorgestellte Gasmotor M 936 G. Der Reihensechszylinder mit Turbolader erreichte mit seinen 7,7 Litern Hubraum und 302 PS/222 kW die Leistungsdaten eines Dieselmotors. Dabei nutzte das Triebwerk ein hohes Maß an Gleichteilen zum Ausgangsmotor. Zylinderblock und Zylinderkopf wurden übernommen und lediglich an den Betrieb mit CNG angepasst. Neu entwickelt waren dagegen Aufladung, Ladeluftführung, Zündung und die komplette Gemischaufbereitung inklusive der Abgasrückführung. Zündung und Verbrennung des Erdgasmotors entsprachen denen eines modernen Ottomotors. Daraus resultierte eine besonders saubere Verbrennung bei gleichzeitig hoher Leistung und niedrigen Schadstoffemissionen. Da der Verbrennungsvorgang im Erdgasmotor praktisch rußfrei abläuft, konnte der beim Diesel sonst übliche Partikelfilter wegfallen. Die Abgasreinigung übernahm hier wie bei einem Benziner ein 3-Wege-Katalysator.

Auf ein spezielles Motorenkonzept, das auf die Nutzung des verflüssigten LNG abgestimmt war, setzte Volvo ab Herbst 2017 bei seinen schweren Lkw-Baureihen FM und FH. Der neue, 13 Liter Hubraum aufweisende Gasmotor vom Typ G13C basierte nach wie vor vollständig auf der Dieselmotor-Technologie, wobei er rund 90 bis 95 % LNG für den Vortrieb, aber nur rund 5 bis 10 % Dieselkraftstoff nutzte, und zwar ausschließlich, um den Diesel-spezifischen Zündvorgang sicherzustellen. Dank des auf ca. -160 °C heruntergekühlten und dadurch verflüssigten und in seinem Volumen stark reduzierten Erdgases, konnten gute Reichweiten realisiert werden, die sogar für den Fernverkehr geeignet waren. Dank verschiedener Tankgrößen ließen sich Aktionsradien von bis zu 1000 Kilometer darstellen.

IVECO hatte etwa zur gleichen Zeit für seine schweren Fernverkehrs-Lkw der Stralis-Baureihe ein ähnliches Konzept serienreif. Unter der Zusatzbezeichnung NP, wie »Natural Power«, kamen hier die unterschiedlichen Gasmotoren, deren Leistungsvolumen bis zu 460 PS/338 kW reichte, ähnlich wie beim Mercedes-Benz M 936 G mit einer Fremdzündung zum Einsatz. Die Besonderheit des Angebots von IVECO bestand jedoch darin, dass der Stralis NP mit CNG allein, CNG und LNG oder ausschließlich LNG betrieben werden konnte. Um eine – auch mit Blick auf individuelle Einsatzprofile und Betriebskosten – möglichst flexible Lösung anzubieten, waren verschiedene Größen und Kombinationen der technisch unterschiedlich ausgelegten CNG- und LNG-Tanks lieferbar. IVECO gab an, dass mit dem größten LNG-Tank eine Reichweite von bis zu 1600 Kilometern realisiert werden konnte.

Verteilerflotte mit IVECO Stralis Lkw, deren Motoren auf CNG-Betrieb umgestellt sind.

In jüngster Zeit rückten vor dem Hintergrund der sich zuspitzenden Klimadiskussion auch rein Wasserstoff-betriebene Verbrennungsmotoren als zukunftsträchtige Antriebsaggregate für den Nutzfahrzeugbereich wieder in den Fokus des Interesses. Deren Wirtschaftlich- und Nachhaltigkeit hängt aber ebenso vom Ausbau der entsprechenden Tankstelleninfrastruktur und der Verfügbarkeit von »grünem« Wasserstoff ab wie im Fall der Brennstoffzellen-basierten E-Mobilität.

3.5.5.2 Biokraftstoffe

Inzwischen längst zum Auslaufmodell geworden ist die vor Jahren als zukunftsweisend eingeschätzte Verwendung von Biodiesel: Der aus zähflüssigen Pflanzenölen und festen tierischen Fetten unter Mithilfe von Methanol erzeugte Kraftstoff ähnelt zwar in seinen Eigenschaften dem fossilen Diesel, schneidet in der CO_2-Bilanz aber kaum besser ab als dieser. Sein Einsatz erforderte auch seitens der Fahrzeughersteller besondere Beachtung, da Biodiesel Kunststoffmaterialien jeder Art in den Bereichen Motor und Kraftstoffversorgung angreift. Ähnlich verhält es sich mit Pflanzenöl, das aufgrund seiner Zähflüssigkeit, insbesondere bei niedrigen Außentemperaturen, einen hohen Zusatzaufwand bei der Motorsteuerung und im gesamten Kraftstoffsystem nach sich zieht. Auch Bioethanol, das durch Vergärung und Destillation verschiedenster landwirtschaftlicher Rohstoffe hergestellt wird, ist, da es sich in seiner chemischen

Zusammensetzung sehr von fossilem Diesel unterscheidet und ebenfalls erheblichen technischen Anpassungsaufwand erfordert, mittlerweile keine überzeugende Option mehr. Zwar ist die CO_2-Bilanz der beiden letztgenannten Varianten günstiger als die von Biodiesel, doch letztlich nicht gut genug, um im Hinblick auf die Erreichung der politisch vorgegebenen Klimaziele als echte Alternative gelten zu können.

Hinzu kommt ein wesentlicher Punkt: Der beim breitflächigen Einsatz solcher Kraftstoffe notwendige Anbau von speziellen Energiepflanzen, wie zum Beispiel Raps, Mais, Getreide oder Zuckerrüben, nimmt große landwirtschaftliche Flächen in An-

Lange Zeit beschäftigte sich die Forschung mit der Züchtung von Ölpflanzen, die als erneuerbarer Rohstoff die fossilen Brennstoffe ablösen sollten. Sogar Lkw-Hersteller unterstützten solche Projekte, wie hier Mercedes-Benz den Testanbau der Jatropha-Pflanze.

Kraftstoffe auf Pflanzenölbasis wurden, beispielsweise bei der Stadtreinigung Aachen, nicht selten umfangreichen Praxistests unterzogen. Ihre Verwendung erforderte wegen der chemischen Eigenschaften des Rohstoffs aufwendige Umbauarbeiten an Motor und Kraftstoffsystem.

spruch. Die dadurch entstehende unerwünschte Konkurrenz zur Nahrungsmittelproduktion hätte nicht abschätzbare Folgen.

Die modernste Form nichtfossiler Biokraftstoffe ist die aus sogenannter Biomasse BTL. BTL steht für die englische Bezeichnung »Biomass to liquid« und deutet den komplizierten Umwandlungsprozess an, den die zugrundeliegenden Rohstoffe durchlaufen. Bei diesen handelt es sich vorwiegend um feste Materialien wie Holz und Reststoffe, zum Beispiel Stroh, Ernteabfälle, Biomüll oder Tiermehl. Um daraus flüssigen Kraftstoff zu erzeugen, werden diese zunächst in einem Reaktor mithilfe thermo-chemischer Methoden zu einem Gas synthetisiert und in einem weiteren Schritt wieder verflüssigt. Der Einsatz solcher synthetisch erzeugten Kraftstoffe in normalen Verbrennungsmotoren ist sowohl mit gasförmigen wie mit flüssigem BTL-Kraftstoff unproblematisch und erfordert kaum technische Anpassungsmaßnahmen. Ein weiterer Vorteil dieser

Kraftstoffart ist, dass es sich bei den Rohstoffen um Abfall-, Überschuss- und Reststoffe handelt, die keine Anbauflächen für Nahrungsmittel beanspruchen.

Auch fällt die CO_2-Bilanz von BTL deutlich günstiger aus als die anderer Biokraftstoffe: Zwar entstehen bei der Nutzung von Biomasseenergie gleichfalls Treibhausgas-Emissionen, jedoch nicht mehr als die Pflanzen zuvor während ihres Wachstums der Atmosphäre entzogen haben. Hier liegt also ein klimaneutraler CO_2-Kreislauf vor, dank dem das BTL-Konzept auch mit den vollelektrischen Antriebsformen durchaus konkurrieren kann. Während E-Lkw allmählich schon Realität werden, ist allerdings an eine großindustriell angelegte Erzeugung von BTL-Kraftstoffen noch lange nicht zu denken.

Fazit: Trotz aller Initiativen und Entwicklungsanstrengungen der Hersteller wird der emissionsoptimierte Dieselmotor trotz zunehmend stärkerer CO_2-Bepreisung vermutlich bis auf Weiteres die wirtschaftlichste Antriebsart im Nutzfahrzeugbereich bleiben.

Neben der letztlich doch unzureichenden Klimabilanz von pflanzenbasierten alternativen Kraftstoffen brachten vor allem die Probleme des gewaltigen Flächenbedarfs und der daraus entstehenden Konkurrenzsituation zur Lebensmittelerzeugung solche Konzepte ins Hintertreffen.

Eine aussterbende Spezies? Prophezeiungen sind schwierig, aber Verbrennungsmotoren – in welcher Form auch immer - werden im Lkw wohl auch auf längere Sicht noch zu finden sein. Ob aber ein solcher Scania-V8 noch dazugehören wird, ist eher fraglich.

4.

Das Lkw-Getriebe

Die Entwicklung der Nutzfahrzeugmotoren insbesondere in Hinblick auf mehr Drehmoment und eine breitere Drehzahlspanne, in der das hohe Drehmoment verfügbar ist, zog eine Anpassung der Kraftübertragungen nach sich. Da die nutzbare Drehzahlspanne des Verbrennungsmotors begrenzt ist, hat das Getriebe eine herausragende Bedeutung für die Erzielung einer optimalen Fahrleistung.

Die bestimmende Größe für die erreichbare Durchschnittsgeschwindigkeit eines Nutzfahrzeugs ist der Drehmomentverlauf an den Antriebsrädern. Wichtige Determinanten sind hier der Motordrehmomentverlauf, Anzahl und Auslegung der Getriebeübersetzungen sowie der Wirkungsgrad des Antriebsstrangs.

Der Bedarf an Antriebskraft bestimmt sich durch

- den Rollwiderstand, der in guter Näherung der Gesamtmasse des Fahrzeuges proportional ist,
- den Luftwiderstand, der proportional zur Fahrzeug-Stirnfläche, dem Luftwiderstandsbeiwert und der Dichte der Luft ist und eine quadratische Abhängigkeit von der Geschwindigkeit besitzt,
- und den Steigungswiderstand.

Für ein 40-t-Nutzfahrzeug mit einem cw-Wert von 0,7, einer Stirnfläche von 8 m^2 und einem Rollwiderstand von 0,01 ergeben sich für die Fahrt bei 80 km/h in der Ebene und einer Steigung von 6 % – in etwa die maximale Steigung auf Autobahnen – Antriebskräfte von 5,7 kN (Ebene) und 29,2 kN (6 % Steigung). In Leistungswerte umgerechnet, bedeutet das einen Bedarf von zwischen 170 PS/127 kW in der Ebene und 880 PS/648 kW an der Steigung. Letzteres verdeutlicht, dass sich vollbeladene 40-t-Nutzfahrzeuge auch heute noch an Steigungsstrecken schwertun.

4.1 Komplexer Aufbau

Als beste Lösung für Nutzfahrzeuge etablierte sich über Jahre hinweg zunächst das 16-Gang-Getriebe. Die hohe Ganganzahl war nötig, um zum Anfahren und in jeder Steigung eine passende Übersetzung zur Verfügung zu haben. Dabei ergaben sich Übersetzungen von 13:1, um Rangiermanöver bei geschlossener Kupplung fahren

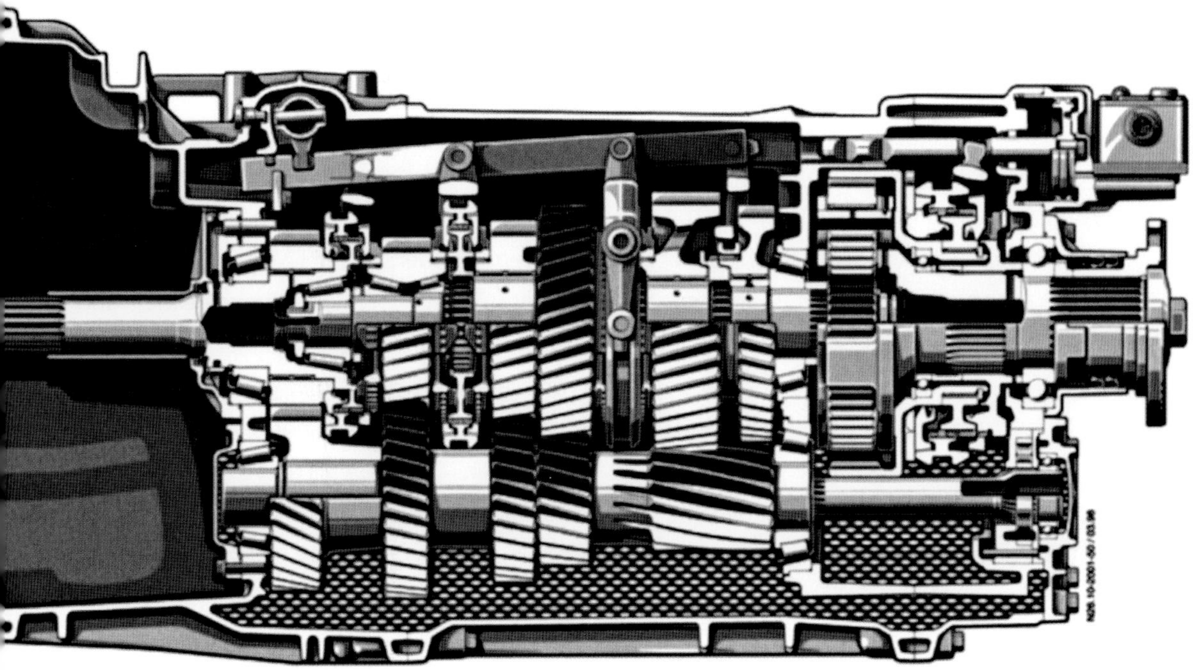

16-Gang-Getriebe von Mercedes-Benz. Von links nach rechts: Splitgruppe, Hauptgetriebe mit Rückwärtsgang und Rangegruppe.

zu können, bis hin zu 1:1, um einen möglichst guten Getriebewirkungsgrad im meistgefahrenen Gang zu erzielen.

Solche Getriebe sind in Gruppenbauweise ausgeführt. Ein 16-Gang-Getriebe beispielsweise besteht es aus einem Hauptgetriebe mit vier Gängen sowie einem nachgeschalteten Rangegetriebe mit zwei unterschiedlichen Übersetzungen, so dass diese beiden Baugruppen bereits 2x4 Gänge darstellen. Durch die Vorschaltung eines zweistufigen Splitgetriebes wird die Anzahl der Gänge ein weiteres Mal verdoppelt, sodass 16 Gänge zur Verfügung stehen. Die Zahnräder für den Rückwärtsgang liegen ebenfalls im Hauptgetriebe, sodass dieser Aufbau auch immer zu vier technisch möglichen Rückwärtsgängen führt.

Die Bezeichnung der Getriebegruppen resultiert aus ihren unterschiedlichen Funktionen. Eine Range- oder Bereichsgruppe übersetzt die Drehzahlen in einem so hohen Maß, dass ein neuer Übersetzungsbereich entsteht, der sich nicht mit dem Bereich der ersten Stufe überschneidet. Typisch sind Übersetzungen von 3-4:1. Die Splitgruppe hingegen verdichtet die Gangfolge, ihr Übersetzungsverhältnis ist so gering, etwa bei 1,2:1, dass sie nur die Hälfte einer Gangstufe im Hauptgetriebe darstellt. Alle Getriebegruppen verfügen über eine 1:1-Übersetzungsstufe, um einen direkten Gang zu ermöglichen. Dieser Direktgang zeichnet sich durch einen besonders hohen Wirkungsgrad aus, da er keine Leistung über Zahnradpaare übertragen muss, was Reibung zwischen den Zahnflanken verursacht und damit einen Wärme- bzw. Energieverlust nach sich zieht.

Der Aufbau eines solchen Gruppengetriebes beginnt getriebeeingangseitig immer mit der Splitgruppe, weil diese durch ihr geringes Übersetzungsverhältnis das Drehmoment nur geringfügig anhebt. Das verfügbare Drehmoment ist die ausschlaggebende Größe zur richtigen Dimensionierung der Zahnräder und Wellen im Getriebe. Als Nächstes folgt das Hauptgetriebe und als Letztes die Range- oder Bereichsgruppe, die mit ihrem großen Übersetzungsverhältnis das Drehmoment im Antriebsstrang am stärksten beeinflusst.

Aufgebaut ist ein solches Getriebe aus vier Wellen, die alle mit unterschiedlicher Drehzahl rotieren können. Drei Wellen davon, die Eingangswelle, Hauptgetriebewelle und Ausgangswelle, liegen in einer Flucht, die Vorgelegewelle liegt parallel dazu. Es gibt Ausführungsarten mit einer oder zwei Vorgelegewellen. Zwei parallele Vorgelegewellen, eine rechts, die andere links der Hauptwelle, haben den Vorteil eines kürzer bauenden Getriebes, sind dafür aber breiter.

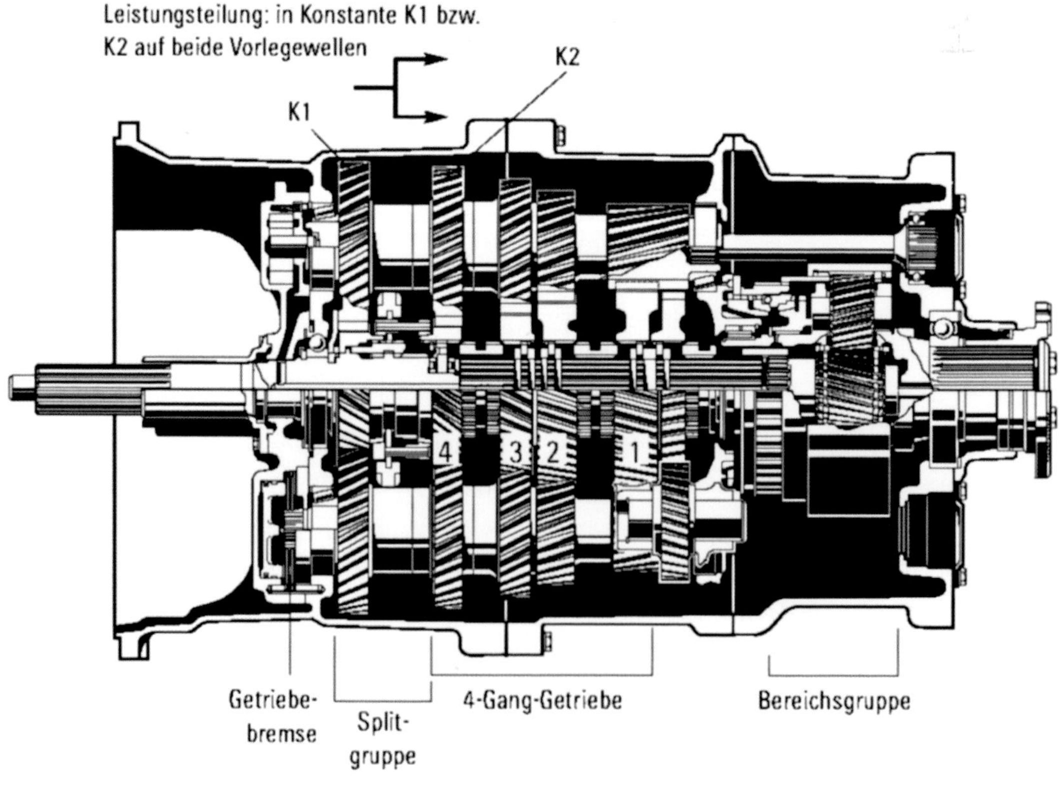

AS Tronic Getriebe von ZF mit 16 Gängen und zwei Vorgelegewellen. Links oben ist die Möglichkeit für einen Nebenabtrieb vorgesehen.

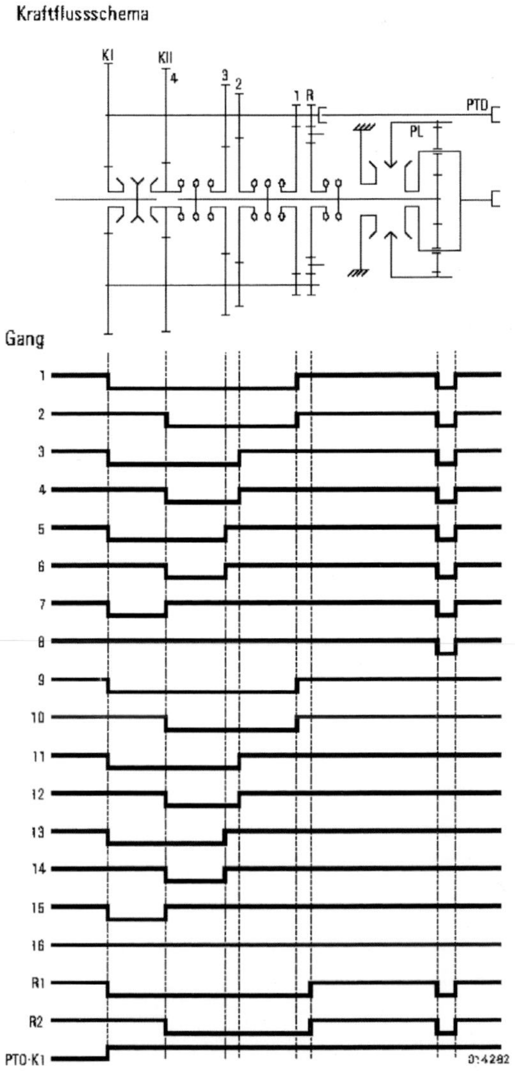

Gang- und Kraftschlussfolge des ZF-Getriebes.

Durch die Splitgruppe, die auf der Eingangswelle und der Vorgelegewelle sitzt, wird die Drehzahl der Vorgelegewelle bestimmt. Diese Übersetzung nennt man Getriebekonstante und besitzt durch die Zweistufigkeit des Splitgetriebes eine langsame und eine schnelle Übersetzung. Auf der Vorgelegewelle sind alle Zahnräder als sogenannte Festräder ausgeführt, das heißt, sie sind fest mit einer Welle verbunden. Auf der Eingangswelle sind die beiden Antriebszahnräder für die Vorgelegewelle dagegen sogenannte Losräder, sie sind also drehbar auf der Welle gelagert. Erst durch eine Schaltklaue, die entweder das eine oder das andere Zahnrad mit der Eingangswelle verbinden kann, erfolgt der Antrieb auf die Vorgelegewelle. Alle Zahnräder auf der Hauptwelle sind ebenfalls Losräder und können wahlweise mit der Hauptwelle verbunden werden. Somit kann man das Übersetzungsverhältnis von der Vorgelegewelle zur Hauptwelle ändern.

Eine Besonderheit stellt der größte Gang des Hauptgetriebes dar, hier ist die Hauptwelle direkt mit dem zweiten Zahnrad der Splitgruppe verbunden. Ist dieses mit der Eingangswelle verbunden, handelt es sich um einen direkten Durchtrieb, andernfalls geht der Kraftfluss über die Splitgruppe auf der Vorgelegewelle.

Als letzte Schaltstufe folgt ein Planetengetriebe, welches einen koaxialen Antrieb erlaubt.
In der hohen Übersetzungsstufe werden die Planetenradträger fest mit dem Getriebegehäuse verbunden, der Kraftfluss erfolgt vom zentralen Sonnenrad über die Planetenräder auf das Hohlrad. Der Hohlradausgang ist gleichzeitig Getriebeausgang.
In der niedrigen Übersetzungsstufe wird durch Trennen der Verbindung zwischen Getriebegehäuse und Planetenradträger und

Schalten einer Verbindung zwischen Planetenträger und Hohlrad ein direkter Gang dargestellt, Rangegruppeneingangswelle und -ausgangswelle drehen mit der gleichen Drehzahl.

4.2 Automatisierte Getriebe

Eine zweite Entwicklungstendenz bei den Kraftübertragungen stellt die Automatisierung des Schalt- und Kupplungsvorgangs dar, die aufgrund der immer höheren Motorleistungen notwendig wurde. Um den kritischen Kraftfluss von den leistungsstarken Triebwerken hin zum Getriebe besonders schonend zu gestalten, ersannen die Entwicklungsingenieure der Lkw-Hersteller – und von Zulieferern wie ZF – Schaltungen, die eine unmittelbare Einwirkung des Lkw-Fahrers bei Anfahrmanövern und Gangwechseln im Wesentlichen ausschlossen. Als erste Lkw-Marke führte Scania 1984 ein solches System unter der Bezeichnung »Computer Aided Gearshift«, kurz CAG, ein. Auf die Schweden folgte ein Jahr später bereits Mercedes-Benz, die bei den 1985 überarbeiteten schweren Fahrzeugen der »Neuen Generation« (NG) mit der »Elektropneumatischen

Unter dem gekippten Fahrerhaus dieses Lkw ist sehr gut das lange, teleskopisch zusammenschiebbare Schaltgestänge zu erkennen, mit dessen Hilfe Lkw-Getriebe bis in die frühen 1980er-Jahre manuell bedient werden mussten. Für die Fahrer ein wahrer Kraftakt.

Für seine leistungsstarken Fernverkehrs-Lkw der Baureihe »Serie 1« bot Scania als erster Hersteller 1984 eine automatisierte Getriebebedienung an. Das »CAG« (Computer Aided Gearshift) genannte System war eine richtungweisende Innovation für die gesamte Branche.

Schaltung« EPS ein vergleichbares System präsentierten, das im 435 PS/320 kW starken Topmodell 1644 serienmäßig vorhanden war.

Technisch handelte es sich hierbei um nichts anderes als automatisierte Schaltgetriebe, also Stirnradgetriebe mit konventioneller Kupplung. Kraft musste der Fahrer für das Schalten nun so gut wie keine mehr aufbringen, denn durch die EPS wurde das Schaltgestänge entbehrlich. An dessen Stelle traten Servogeräte, die den Gangwechsel im Getriebe auf pneumatischen Weg vornahmen: Nun erledigten Magnetventile und Schaltzylinder das, was bis dahin den Bizeps des Fahrers strapaziert hatte. Angesteuert wurden diese Servogeräte über ein elektronisches Schaltgerät, das die vom Fahrer über den Schalthebel erteilten Schaltbefehle entgegennahm. Der Schalthebel selbst präsentierte sich jetzt nur noch als kurz

bauender Knauf mit der Funktion eines Schaltsticks. Ausgedient hatten auch die altbekannten Schaltschemata, wie zum Beispiel Doppel-H. Die automatisierte Schaltung reduzierte nun deren Komplexität auf eine einfache Vor-Zurück-Logik, bei der ein Vorschieben des Sticks für das Hochschalten und ein Zurückziehen für das Herunterschalten stand – ganz wie bei sequenziellen Pkw- und Rennwagengetrieben.

Sofort bewies die praktische Anwendung der innovativen Getriebebedienung, welche enormen Vorteile sie im Alltagseinsatz bot. Nun konnten auch ungeübte Fahrer die Schaltung eines Schwer-Lkw problemlos

Mercedes-Benz zog bei der 1985 vorgestellten letzten Generation der NG-Modelle mit der »Elektropneumatischen Schaltung« EPS nach. Vorerst profitierte aber nur das 435 PS/320 kW leistende Spitzenmodell vom serienmäßigen Einbau.

bedienen. Ebenso gehörten die Mechanik belastende Schaltfehler der Vergangenheit an. Schließlich profitierten auch die Lkw-Betreiber von einer deutlich verbesserten Wirtschaftlichkeit ihrer Fahrzeuge, da verbrauchsgünstiges und verschleißarmes Fahren deutlich weniger von den Fähigkeiten des jeweiligen Fahrpersonals abhing. Neben

Aus dem zumeist lang in die Fahrerkabine hineinragenden Schalthebel bisheriger Bauart wurde mit dem EPS ein zierlicher Schaltstick, den der Fahrer nur noch leicht nach vorne oder hinten bewegen musste.

diesen Aspekten und der Arbeitsentlastung in der Kabine brachten die automatisierten Schaltungen nicht zuletzt für den Fertigungsbereich der Lkw-Hersteller handfeste Vorteile: Statt sperrige mechanische und in zahlreichen unterschiedlichen Bauformen vorhandene Schaltgestänge zu montieren, reichte es nun, einige Kabel zu stecken, die als einzige Verbindung von Schaltknauf zum Getriebe fungierten.

Da der Fahrer anhand der Schalthebelposition nicht mehr erkennen konnte, welcher Gang gerade eingelegt war, gab es bei Mercedes-Benz Lkw, die mit einer EPS ausgestattet waren, dieses frühe Digitaldisplay, das oben auf der Instrumententafel angebracht wurde.

Auch Volvo präsentierte mit »I-Shift« ein automatisiertes mechanisches Getriebe, das 2001 erstmals in Lkw der Marke zum Einsatz kam. Technisch gesehen basierte I-Shift auf einem unsynchronisierten mechanischen Getriebe, das mit einer elektronischen Kontrolleinheit versehen ist, die die pneumatisch vorgenommene Kupplungsbetätigung ebenso wie die Gangwechsel steuert. Um dies optimal zu gewährleisten, verarbeitet die Elektronik am laufenden Band ihr zugehende Informationen zum Beispiel über die Fahrzeuggeschwindigkeit, die Beschleunigung, das Fahrzeuggewicht, die Neigung

Mit den 1988 vorgestellten Lastwagen der Baureihe SK rüstete Mercedes-Benz als erster Lkw-Hersteller weltweit alle Fahrzeuge ab einer Motorleistung von 290 PS/213 kW serienmäßig mit der inzwischen voll ausgereiften EPS aus.

der Straße und das jeweils erforderliche Drehmomentniveau. Außerdem kommuniziert das System mit dem Motor, um dessen Drehzahl und Bremswirkung optimal anzupassen sowie unter Wirtschaftlichkeits- und Sicherheitsaspekten möglichst optimale Schaltpunkte zu finden und die entsprechenden Gangwechsel vorzunehmen. Je nach Einsatzbedingungen des Fahrzeugs werden hierzu unterschiedliche Software-Programme eingesetzt. Konsequenterweise gibt es in Fahrzeugen mit I-Shift-Getriebe kein Kupplungspedal mehr. Die entsprechende Funktion übernehmen nun je nach Fahrzeugmodell entweder ein am Fahrersitz angebrachter kleiner Schalthebel, an dem übrigens auch auf die manuelle Gangwahl durch den Fahrer umgeschaltet werden kann, oder Knöpfe am Armaturenbrett.

Der Bedienhebel des automatisierten Schaltgetriebes Volvo I-Shift ähnelt stark dem einer normalen Pkw-Automatik. Die einzelnen Fahrstufen werden durch ein Vor- oder Zurückbewegen des Hebels eingelegt.

Im Juni 2014 tat Volvo Trucks einen weiteren Evolutionsschritt und präsentierte eine neue Variante von I-Shift, die mithilfe eines Doppelkupplungssystems arbeitet. Die auf ein Drehmomentmaximum von 2800 Nm und eine Leistung von höchstens 540 PS/397 kW ausgelegte »Dual Clutch«-Version war eine technische Innovation im Segment der Schwer-Lkw. Bis dahin war diese heute im Pkw-Bau weit verbreitete Technologie nur im japanischen Kleinlaster Fuso Canter angeboten worden. Konstruktiv stellt die I-Shift »Dual Clutch«-Schaltbox gewissermaßen zwei Getriebe in einem dar: Getriebe eins schaltet die Gänge 1, 3, 5, 7, 9 und 11, während das zweite für die Gangstufen 2, 4, 6, 8, 10 und 12 zuständig ist. Beide besitzen ihre eigene Kupplung – deshalb Doppelkupplungsgetriebe – und wählen, je nachdem ob beschleunigt oder verzögert wird, gesteuert von der Getriebesoftware den jeweils folgenden Gang bereits vor. Wenn also ein Gangwechsel vorgenommen wird, öffnet eine Kupplung, während die zweite zeitgleich schließt, und der vorgewählte

Die Kombination aus automatisierter Bedienung und einem mechanischen Doppelkupplungsgetriebe präsentierte Volvo im Jahr 2014. Trotz der beiden zum Einsatz kommenden Kupplungen (im Bildvordergrund) fällt die Baueinheit um gerade einmal 12 cm länger aus.

nächste Gang in Sekundenbruchteilen und ohne bemerkbare Zugkraftunterbrechung eingelegt wird. Dieses typische Merkmal aller Doppelkupplungsgetriebe ist im Nutzfahrzeugbereich bei anspruchsvollen Transporten mit hoher – vor allem flüssiger – Last und/oder am Berg ein bedeutender Vorteil.

Obwohl nicht wenige Trucker anfangs der teilweisen Entwertung ihrer fahrerischen Kompetenz durch den Einsatz elektronisch gesteuerter automatisierter Getriebe kritisch gegenüberstanden, wurde die damit unter anderem verbundene körperliche Entlastung schnell schätzen gelernt. Auch leistete diese Technologie in Verbindung mit den immer drehmomentstärkeren Antriebsaggregaten dem Übergang auf etwas weniger komplexe 12-Gang-Getriebe Vorschub, die mittlerweile üblich geworden sind.

Ein beeindruckendes Powerteam: Der mit knapp 13 Litern Hubraum aufwartende Reihensechszylinder für die schwere FH-Baureihe von Volvo in aktuellster Euro-VI-Ausführung samt angeflanschtem I-Shift »Dual Clutch«-Getriebe, das bis 540 PS/397 kW überträgt.

4.3 Automatikgetriebe

Eine ganz andere Gruppe stellen die Automatikgetriebe dar. Mercedes-Benz war 2006 der weltweit erste Lkw-Hersteller, der seine Schwer-Lkw ausschließlich mit einem solchen Getriebe ausstattete. Dabei handelte es sich um Lastschaltgetriebe, das heißt der Kraftfluss wird während des Schaltens nicht unterbrochen. Die 12-Gang-Schaltautomatik Mercedes "PowerShift" war von vornherein ausschließlich zum Zweck des vollautomatischen Betriebs konstruiert worden und als Direktgang-Getriebe ausgelegt. Die PowerShift-Automatik wechselte die Gänge Kraftstoff sparender und schonender als jeder durchschnittliche Lkw-Fahrer. Das wirkte sich nicht nur positiv auf den Kraftstoffverbrauch aus, auch übermäßiger Verschleiß

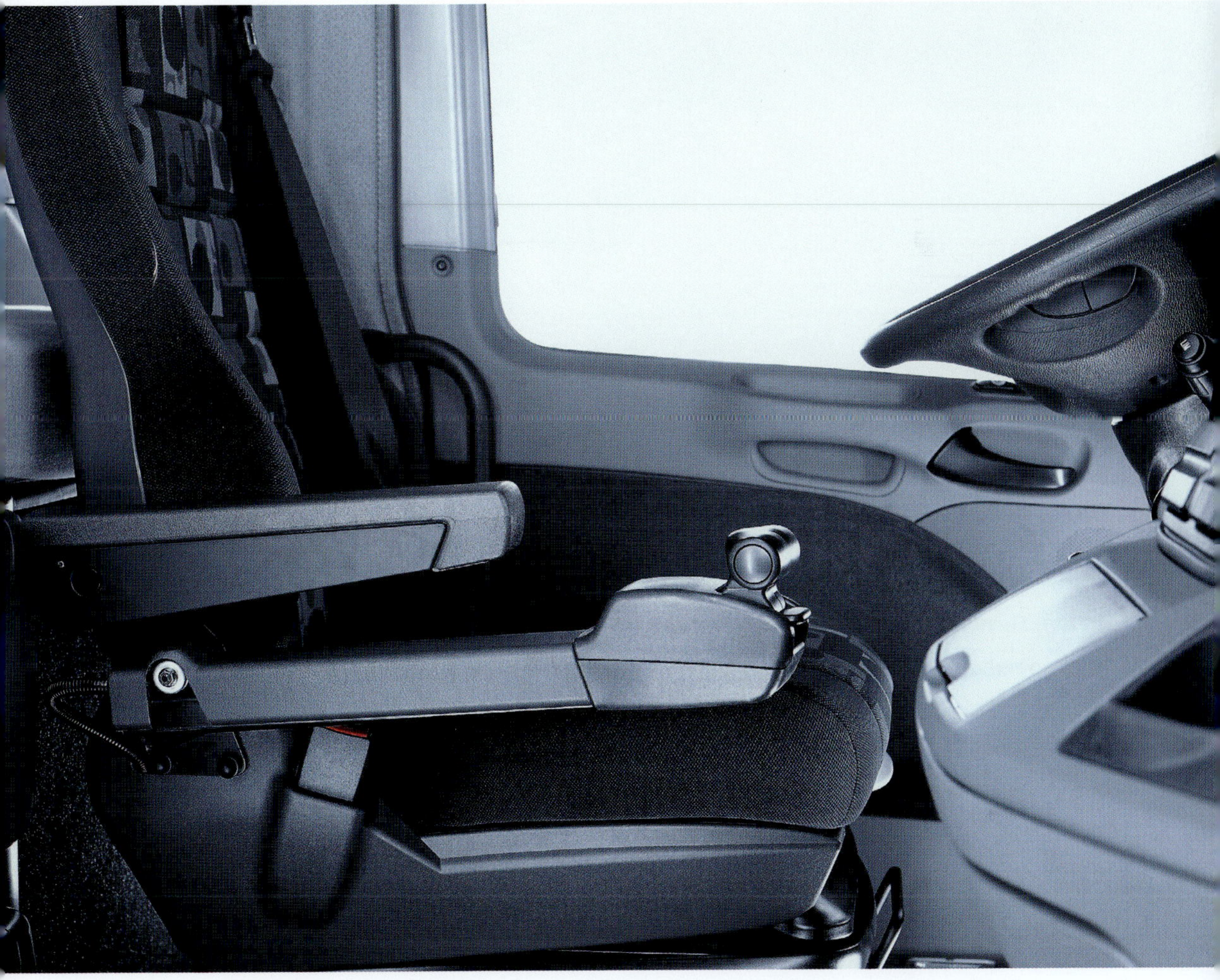

Reduziert auf eine funktionelle Schaltwippe und an einem Ausleger unterhalb der Armlehne des Fahrersitzes befestigt, präsentierte sich die Telligent-Schaltwippe im 2002 eingeführten Actros 2. Dabei handelte es sich noch um ein automatisiertes Schaltgetriebe.

Mit dem 2006 vollzogenen Serieneinbau der neu konstruierten Schaltautomatik PowerShift in den Fernverkehrs-Lkw Actros setzte Mercedes-Benz ein richtungweisendes Signal. Die Bedieneinheit der aktuellen PowerShift-Generation ist nur noch ein Mini-Knauf am Cockpit.

am Antriebsstrang, der durch eine nicht optimale Gangwahl entsteht, gehörte damit der Vergangenheit an. Dennoch konnte der Fahrer jederzeit in den automatisierten Schaltprozess eingreifen.

Technisch gesehen kombinierte PowerShift das Schaltgetriebe mit einer Steuerungs-Elektronik, die als weitere Bedienfunktionen neben dem automatisierten Gangwechsel und der Kupplungsbetätigung auch den Anfahrvorgang und die jeweils optimale Gangwahl beinhaltete. Die elektronische Steuerung des Systems eröffnete auch die Möglichkeit, intelligente Fahrprogramme zu integrieren, die vom Fahrpersonal je nach aktueller Notwendigkeit angewählt werden konnten. Da gab es zum Beispiel den Power-Modus, der einen leistungsorientierten Fahrbetrieb mit höherer Hochschaltdrehzahl ermöglichte, den auf höchste Wirtschaftlichkeit ausgelegten Eco-Roll-Modus, in dem der Motor auf flacher, gerader Strecke vom Getriebe abgekoppelt wurde, oder der Freischaukel-Modus, der den im Gelände oder Schnee festgefahrenen Lkw durch Herausschaukeln aus seiner misslichen Situation befreite.

Alle diese Zusatzfunktionalitäten sowie der Schalt- und Kuppelvorgang selbst wurden im Lauf der Entwicklung immer weiter optimiert. Im Mittelpunkt stand dabei zum einen die ständige Verfeinerung der Sensorik an der Vorgelege- und der Getriebehauptwelle. Sie ermöglichte es dem Getriebe-Schalt-Computer, immer weicher – also für die beteiligten mechanischen Komponenten schonender – und trotzdem spürbar schneller die Übersetzungsstufen zu wechseln bzw. entsprechend die Dauer der Kraftflussunterbrechung zu

Eines der zahlreichen von PowerShift 3 gesteuerten Nutzfahrzeuggetriebe von Mercedes-Benz ist das massive 12-Gang-Getriebe namens G 211-12. Es verkraftet ein Motordrehmoment von monumentalen 2100 Nm.

reduzieren. Bald war der Gangwechsel für den Fahrer kaum mehr physisch wahrnehmbar, sondern nur noch an der Bewegung der Drehzahlmessernadel zu erkennen.
Zum anderen trugen Optimierungen in der Steuerungssoftware ihren Teil dazu bei, dass jegliche belastenden Anfahrschwingungen im Antriebsstrang und ebenso die unangenehmen Nick- und Wankbewegungen des Fahrerhauses bereits im Ansatz erkannt wurden und mit Hilfe einer verbesserten Steuerung des Drehmomentaufbaus gar nicht erst auftreten konnten.

Inzwischen gehören solche automatischen Schaltgetriebe bei allen renommierten Lkw-Herstellern zum technischen Standardrepertoire, und die inzwischen perfektionierten, zu jeder Zeit betriebssicheren Systeme finden sich mittlerweile nicht nur in schweren Fernverkehrs-Lastwagen, sondern – dem jeweiligen Einsatzprofil angepasst – auch in anderen Nutzfahrzeugsegmenten, zum Beispiel in Verteiler-Lkw oder auch in Baulastern.

4.4 Die Nutzfahrzeug-Kupplung

In jedem straßentauglichen Fahrzeug mit einem traditionellen Antriebsstrang aus Verbrennungsmotor und mechanisch arbeitendem Getriebe ist die Kupplung eines der höchstbelasteten Bauteile. In besonderem Maß gilt das für Nutzfahrzeuge, die besonders hohe Antriebskräfte übertragen müssen und zudem auf den Transport großer Lasten ausgelegt sind. Die Kupplung muss eine Vielzahl von Aufgaben bewältigen, die im eigentlichen Sinn eine Fortbewegung überhaupt erst erlauben. Dazu gehören primär unter anderem das ruckfreie Anfahren, die Unterbrechung des Kraftflusses zum Zweck des Gangwechsels und das Ermöglichen des Fahrzeugstillstands mit eingelegtem Gang. In zweiter Linie dämpft die Kupplung auch die Weiterleitung von Motorschwingungen und schützt Antriebsaggregat und sämtliche Bauteile der Kraftübertragung vor Überlastung.

Grundsätzlich kann man Kupplungen in zwei funktionell unterschiedliche Bauarten unterteilen. Neben der klassischen Reibkupplung in Ein- oder Mehrscheibenausführung, um die es im Folgenden geht, gibt es auch die hydrodynamische Kupplung mit Wandler, deren Wirkungsprinzip sich fundamental unterscheidet, aber dem gleichen Zweck dient. Diese Bauart kommt vornehmlich bei Omnibussen im öffentlichen Personennahverkehr zum Einsatz. Im sonstigen Nutzfahrzeugbereich, insbesondere bei Lkw, sind per Hand oder automatisiert betätigte, mechanische Getriebe über eine Einscheiben-Trockenkupplung mit dem Motor verbunden. In früheren Fahrzeuggenerationen, deren Kupplungsbetätigung noch ohne Servounterstützung auskommen musste, oder bei Schwerlast- und Baufahrzeugen, deren Kraftübertragung extrem hohen Belastungen ausgesetzt ist, werden auch Zweischeiben-Trockenkupplungen eingesetzt.

Generell unterliegen Kupplungen in Nutzfahrzeugen wesentlich höheren Belastungen als in Personenwagen. Entsprechend großformatig fallen die Reibplatten aus. Zudem muss eine gute Zugänglichkeit des Bauteils gewährleistet sein, um die Standzeiten kurz zu halten.

Technisch wird der Kraftschluss hergestellt, indem die Reibkupplung über die Reibbeläge eine Verbindung zwischen der motorseitigen Schwungscheibe und der Getriebeeingangswelle herstellt. Die hierfür erforderliche Anpresskraft wird in eingekuppeltem Zustand über Federn erzeugt. Hier gibt es bei Ein- und Zweischeiben-Trockenkupplungen zwei Ausführungen: solche mit Schraubenfedern und solche mit Membranfedern, auch Tellerfedern genannt. Erstere sind, nach dem heutigen Stand der Technik, nur noch selten anzutreffen, weil die Federwirkung im Gegensatz zur Membranfeder eine ungünstigere Kennlinie aufweist, sodass die Betätigungskraft nicht weiter ansteigt, wenn der Druckpunkt überschritten ist. Weitere Pluspunkte der Membranfederkupplung sind ihr einfacherer Aufbau und ein geringeres Gewicht.

Hauptbauteile der Kupplung sind die Kupplungsscheibe, der Kupplungsdeckel samt Anpressplatte und der Ausrücker, ein axial verschiebbares Wälzlager. Dabei unterscheiden sich Ein- und Zweischeibenkupplungen nicht in ihrem grundsätzlichen Funktionsprinzip: In beiden Fällen erzeugt die Membranfeder eine Anpresskraft, durch die Kupplungsscheibe und Anpressplatte zur Erzielung einer kraftschlüssigen Verbindung eingespannt werden. Durch die Verwendung von zwei Kupplungsscheiben verdoppelt sich jedoch die Reibfläche und in gleichem Maß das übertragbare Drehmoment, was den primären Einsatz dieser Bauart im besonders anspruchsvollen Schwerlast- und Baubereich erklärt.

Seit Jahrzehnten sind in Nutzfahrzeugen hydraulische oder hydropneumatische Kupplungsbetätigungen zur Entlastung des Fahrperso-

Die Kupplung besteht aus nur wenigen Bauteilen: der Kupplungsscheibe, dem Kupplungsdeckel samt Anpressplatte und dem Ausrücker. Wenn die einwandfreie Funktionstüchtigkeit nicht mehr gegeben ist, müssen alle ausgetauscht werden.

nals die Regel. Dabei wird die Absicht des Fahrers, die Kupplung zu bedienen, entweder direkt per Kupplungspedal oder mittels eines elektronischen Steuergeräts an den Ausrücker geleitet. Im Fall des Auskuppelns, also beim Treten der Kupplung, wird über das Pedal und eine die Fußkraft weitergebende Druckstange im Geberzylinder der Hydraulik ein Flüssigkeitsdruck erzeugt, der über Hydraulikleitungen an den Nehmerzylinder geleitet wird, der wiederum direkt oder über eine Ausrückgabel den Ausrücker bedient und so den Kraftschluss unterbricht. Eine weitere Verstärkung der Ausrückkraft kann mithilfe einer pneumatisch unterstützten Kupplungsbetätigung erzielt werden. Hier wird durch die zusätzliche Einleitung von Druckluft der Aufbau des Hydraulikdrucks nachhaltig unterstützt.

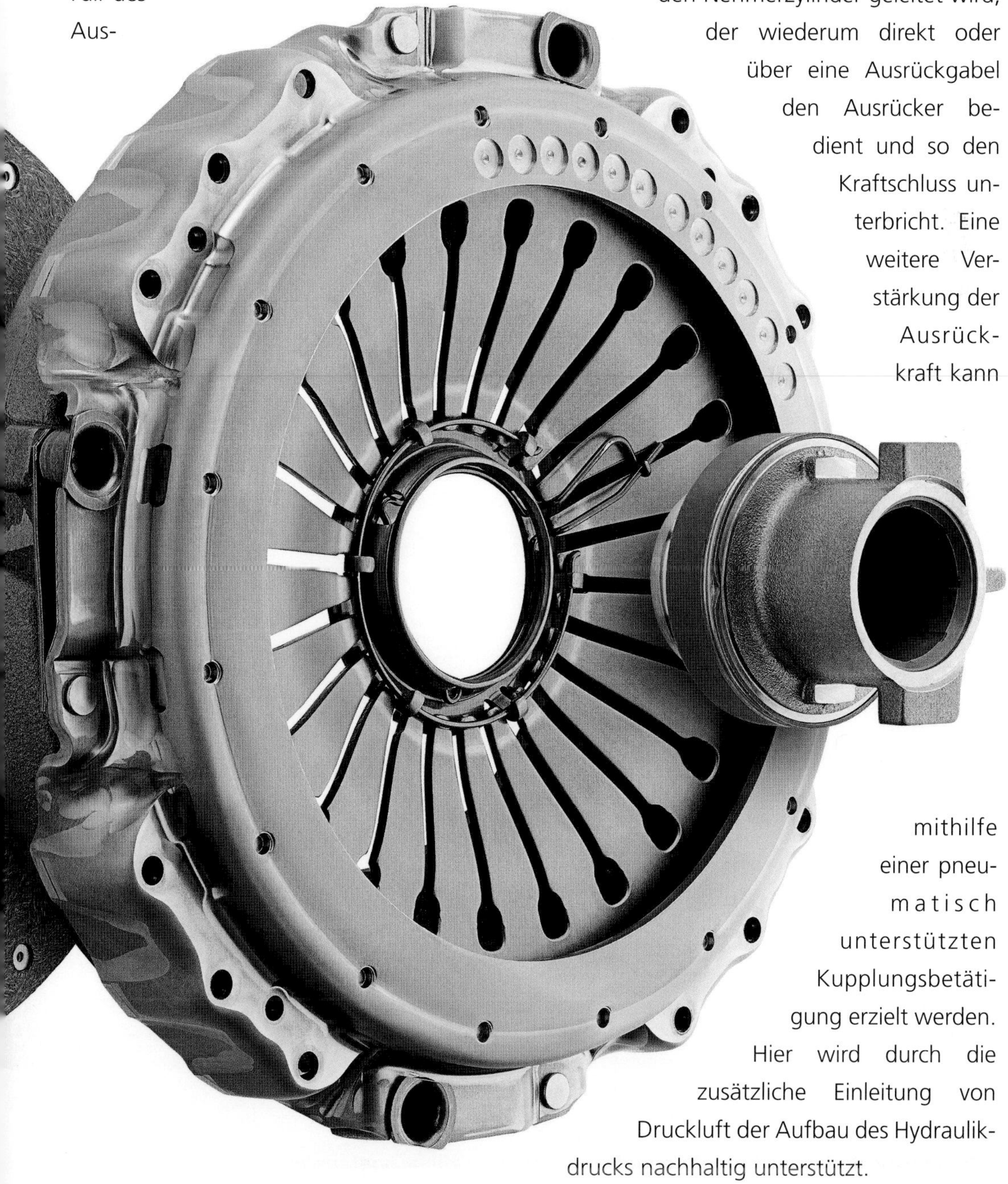

SCANIA

Untrennbar mit dem Verbrennungsmotor verbunden bleiben auch weiterhin die komplexen Kraftübertragungen im Lkw. Hoch technisiert und extrem leistungsfähig, stellen sie einen der Schlüssel für die bestmögliche Effizienz von herkömmlich motorisierten Fernverkehrslastwagen dar.

5.

Das Fahrerhaus

Neben der Größe eines Lkw oder Lastzuges fällt vor allem das Fahrerhaus durch entsprechende äußere Gestaltung und mehr oder weniger markante Lackierung auf. Seine Bedeutung geht aber weit darüber hinaus: Es ist nicht nur ein metallisches »Gehäuse«, sondern speziell für das Fahrpersonal im Langstreckenverkehr ein ergonomisch gestalteter und bequemer Arbeitsplatz mit hoher passiver Sicherheit. Das Lang- und Hochdachfahrerhaus bietet Platz für Wohnlichkeit und Liegemöglichkeit; ein Verlust an Nutzlast und Ladevolumen wird in Kauf genommen. Das Fahrerhaus ist neben üblichen Instrumenten und Bedienelementen in immer stärkerem Maß mit elektronischen Assistenzsystemen für hohe aktive Sicherheit ausgestattet und wird damit zur Schnittstelle zwischen Mensch und Maschine. Die Assistenzsysteme, die im Fahrerhaus etabliert sind, greifen mit fortschreitender Entwicklung vermehrt auch dann ein, beispielsweise durch Vollbremsung, wenn die Aufmerksamkeit des Fahrers als dem schwächsten Glied in der Kette nachlässt. Die fast ausschließlich üblichen Frontlenkerkabinen bieten guten Überblick auf die Straße, gefährden aber durch das Fehlen einer Knautsch-

Büssing 801 von 1935 mit Dachschlafkabine.

Kässbohrer Kühlzug von 1936 auf Fahrgestell Mercedes-Benz L 5000. Strömungsgünstiger Aufbau durch integriertes Fahrerhaus und tief heruntergezogene Seitenwände.

zone den Fahrer bei einem Auffahrunfall in höchstem Maß. Deshalb sind Assistenzsysteme grundsätzlich unabdingbar.

5.1 Historische Entwicklung

Die »Kabine« für den Fahrer wurde erst in den Jahren ab 1920 geschlossen und mit Verglasung, zumindest an der Front, ausgeführt. Das Gerippe bestand aus Holz als Grundlage für eine Blechbeplankung, und der Fahrerplatz bestand aus einer Holzkiste für die Batterie mit aufgelegtem Sitzpolster, die Instrumentierung war sparsam. Der Nutzeffekt des Lkw duldete keinen Komfort. Für eine Schlafmöglichkeit blieb nur Platz über dem Fahrer oder als Anbau dahinter mit Beeinträchtigung des Laderaums. In den Jahren nach 1930 hielt die windschnittige Stromlinie, fast eine Modeerscheinung, auch im Lastwagen Einzug. Bei einem aerodynamisch relativ gut gestalteten Lastzug mit geschlossenen Aufbauten wurde das Fahrerhaus angepasst. Die Ausführung ähnelte einer heutigen Hochdachversion, allerdings ohne jeden Komfort. Ein Lkw von 1965 hatte bereits einen fast komfortablen Sitz mit Verstellmöglichkeiten, aber der hohe Motortunnel der damaligen Zeit beanspruchte noch viel Platz im Frontlenkerhaus. Trotz steigender Motorleistung wurde der Einbauraumbedarf der Motoren kleiner, andererseits führte die Einführung höherer Böden zu einem kaum noch störenden Motortunnel. Das unter der Kabine positionierte Antriebsaggregat machte es allerdings notwendig, das Fahrerhaus für gute Zugänglichkeit zum Motor kippbar zu gestalten. Ab diesem Zeitpunkt wies das Fahrerhaus eine stabile selbsttragende Konstruktion auf, was durch die Stahlgerippebauweise mit Blechbeplankung realisiert wurde. Anfänglich musste die Kipphydraulik manuell betätigt werden, heute ist die elektrische Betätigung Standard.

Fahrerhaus anno 1959 mit hohem Motortunnel, aber bereits mit Polstersitz und klappbarer Liege.

In den 1980er-Jahren waren eine kleine Küche und ein Essplatz im Fahrerhaus von Fernverkehrs-Lkw eine Selbstverständlichkeit.

Im weiteren Verlauf der Entwicklung und durch steigende Ansprüche von Fahrpersonal und Unternehmer wurde ein im Inneren möglichst optimal gestaltetes Fahrerhaus in Langausführung ein Muss, natürlich auch mit Liegemöglichkeit für Fahrer und Beifahrer – eine Voraussetzung für den internationalen Langstreckenverkehr. Richtig in Fahrt kam die Entwicklung der Fahrerkabinen dabei erst ab den 1970er-Jahren. Übersichtlichere Instrumententafeln, in Höhe und Winkel verstellbare Lenkräder, luftgefederte, zunehmend anatomisch geformte Sitze, aufwendige Temperatur- und Geräuschdämmung, mehr Geräumigkeit – nicht nur in der Fläche, auch in der Höhe – durch verschiedene lieferbare Fahrerhausausführungen und eine vom Chassis abgekoppelte Kabinenaufhängung sind bis zur Jahrtausendwende die Regel geworden, manchmal auch durch den einen oder anderen regulatorischen Eingriff der EU. Ab diesem Zeitpunkt setzte dann – parallel zum Einzug der Elektronik – geradezu ein Wettlauf der Hersteller um das beste, sprich: praxistauglichste und komfortabelste Lkw-Fahrerhaus ein, wobei Renault bereits 1990 mit der Schwer-Lkw-Baureihe Magnum als erster Hersteller die vollständige Trennung des Großraumfahrerhauses vom darunterliegenden liegenden Antrieb eingeführt hatte.

Heute herrscht in Lkw-Kabinen, je nach Fahrzeugklasse und Einsatzbereich, ein eher an Pkw-Interieurs erinnerndes Ambiente vor. Hochwertige Materialien, angenehme Oberflächen, ergonomische Gestaltung des Cockpitbereichs, aufwendig konstruierte Sitze und Top-Klimatisierung sind nicht mehr wegzudenken. Letztere sorgt in Form der Standheizung auch im Winter für angenehme Temperaturen in der Kabine. Schwieriger gestaltet sich die Situation im heißen Sommer, schließlich ist das Fahrerhaus vor allem von Fernverkehrs-Lkw nicht nur Bedienzentrale, sondern es fungiert vielmehr als Lebensraum und zugleich Büro für das Fahrpersonal, das oft viele Tage lang unterwegs ist. Das macht das Thema einer optimalen Fahrerhaus-Klimatisierung in der warmen Jahreszeit zu einer besonderen technischen Herausforderung, da sie auch während Warte- und Standzeiten, bei Pausen und in der Nacht, das heißt unabhängig davon, ob der Lkw fährt und der Motor in Betrieb ist, funktionieren muss.

5.2 Fahrerhausvariationen

Der Zielkonflikt zwischen möglichst großem Ladevolumen und geräumigem Fahrerhaus führte zu einer Vielzahl von Bauformen, mit denen teils die zulässige Fahrzeughöhe voll genutzt wird, teils eine optimale Größe des Laderaums ermöglicht wird. Heute kann der Kunde, je nach Art und Einsatzprofil des Lkw, aus mehreren Ausführungen wählen. Für Bau- und leichte Verteilerfahrzeuge eignet sich die kurze Ausführung (short cab), für Verteiler- und Volumentransporte im regionalen und nationalen Bereich die verlängerte Ausführung (day cab). Für den internationalen Fernverkehr stehen allgemein lange Fahrerhäuser mit verschiedenen Stehhöhen und zwei Liegen und allem Komfort zur Verfügung. Für Kommunalfahrzeuge, Kranfahrgestelle und Verteilerfahrzeuge eignet sich durch niedrige Bauweise und stufenlosen Einstieg das Lowline-Fahrerhaus. Es bietet große Stehhöhe und erleichtert häufiges Aus- und Einsteigen. Eine immer größere Rolle spielt inzwischen die aerodynamische Gestaltung des gesamten Fahrzeugs oder Zuges. Mithilfe von Spoilern und Deflektoren sowie eines im Sinne der Windschlüpfigkeit möglichst optimalen Übergangs zum kubischen Kastenaufbau wird eine Verminderung des Luftwiderstandes erzielt und ein Beitrag zur Kraftstoffeinsparung und damit zur Emissionsreduzierung geleistet.

In den USA führt die Gestaltung der berühmten Langstrecken-Trucks nach wie vor

Geräumige Liege im Langfahrerhaus

Komfort und Ergonomie im MAN TGA: mit vielfach verstellbarer Lenksäule und hoch komfortablem Sitz.

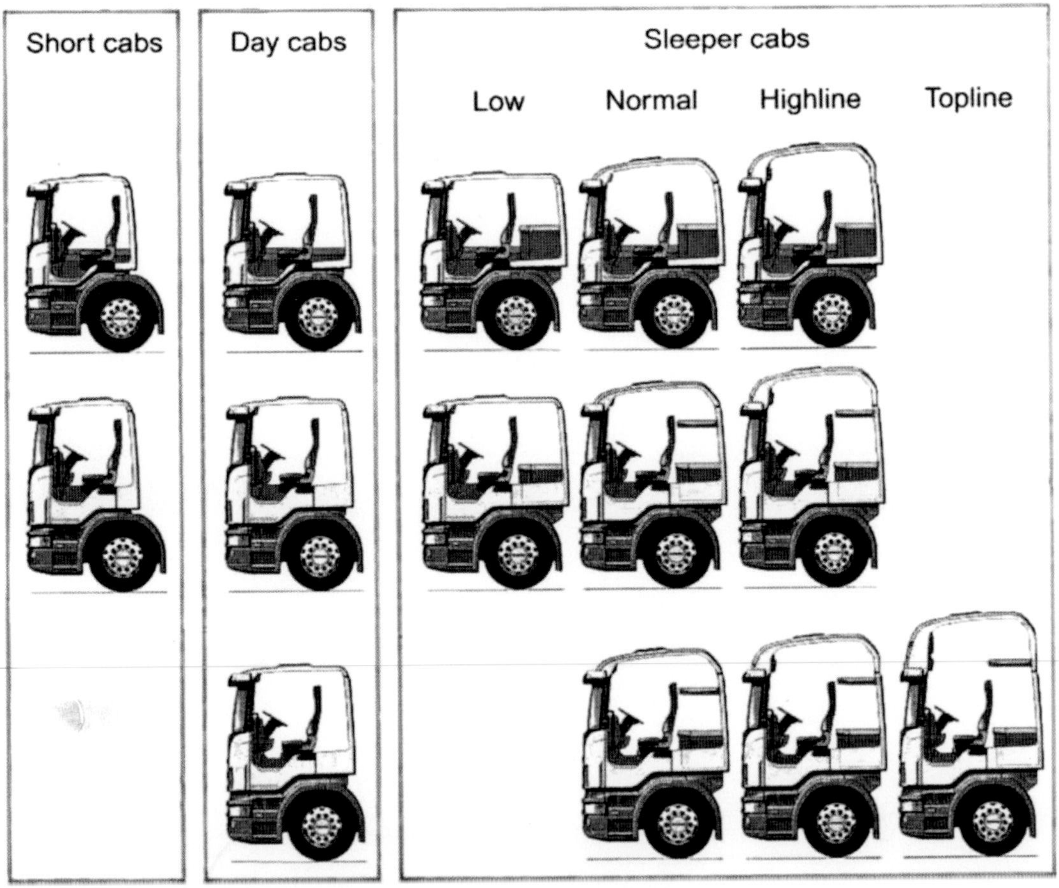

Fahrerhausvarianten der Scania Lkw-Baureihen P, G und R

zu anderen Fahrzeugkonfigurationen: Hier wird nur die Länge des Aufliegers limitiert, nicht aber die des gesamten Zuges, sodass für die Zugmaschine reichlich Platz zur Verfügung steht; Frontlenker sind daher nur selten anzutreffen. In der Regel ist der Motor vorgebaut und außer einem großzügigen Fahrerplatz ist eine geräumige Schlaf- und Wohnkabine mit aufwendiger bis luxuriöser Ausstattung vorhanden. Die übliche dreiachsige Zugmaschine hat einen entsprechend langen Radstand und benötigt einen extremen Radeinschlag der Vorderräder, um eine ausreichende Wendigkeit darstellen zu können. Mit dieser Ausstattung wird dem Langstreckenbetrieb quer durch den amerikanischen Kontinent Rechnung getragen. In den USA wird dabei zwischen Fahrzeugen für die zahlreichen kleinen Unternehmer (Owner-operator) und denen für Großflotten unterschieden. Der Owner-operator wünscht ein Fahrzeug mit viel Chrom und größtem Wohnkomfort, für Großflotten genügt ein schlichteres Erscheinungsbild, aber überdurchschnittlicher Komfort ist auch hier gefragt.

Eine ganz andere Lösung dank anderer Vorschriften: Großes Wohn- und Schlafabteil hinter der Kabine, weil es in den USA keine Längenbegrenzung für die Zugmaschine gibt.

5.3 Klimatisierung

Um den Arbeitsalltag vor allem in der Langstreckenkabine bei sommerlichen Temperaturen erträglicher zu gestalten, können seit einigen Jahren sogenannte Standklimaanlagen als Sonderausstattung ab Werk geordert oder auf dem Weg der Nachrüstung eingebaut werden. Die betreffenden Geräte arbeiten entweder als Erweiterung der normalen Klimaanlage oder stellen eine davon unabhängige zusätzliche Baueinheit dar. Ihre Aufgabe ist es, auch bei abgestelltem Motor dauerhaft für angenehme Innenraumtemperaturen zu sorgen – neben den genannten Pausen und Ruhezeiten also auch, wenn der Lkw zum Beispiel nach langwierigen, in praller Sonne erfolgten Be- oder Entladevorgängen wieder zum nächsten Ziel startet.

Kernstück einer Standklimaanlage ist ein von der normalen Klimaanlage getrennt untergebrachter, mit dieser aber durch Leitungen verbundener Kältespeicher. Innerhalb von

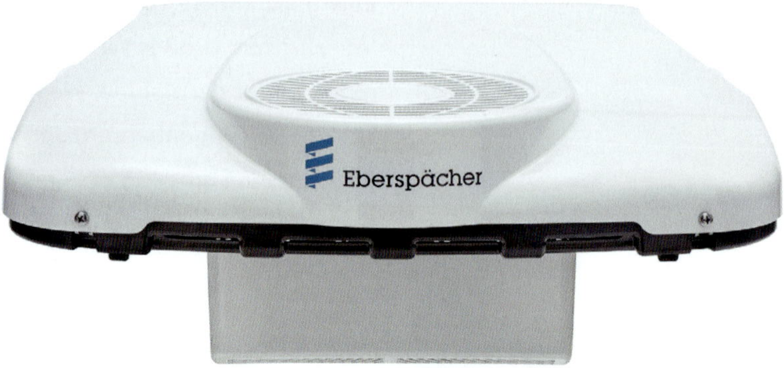

Standklimaanlagen stellen eine wesentliche Verbesserung des Truckeralltags in heißen Sommern dar. Sie sorgen als Ergänzung der normalen Klimaanlage auch für angenehme Temperaturen in der Kabine, wenn der Wagen steht und der Motor ausgeschaltet ist.

dessen kastenförmigem Gehäuse sind zahlreiche mit Kühlmittel gefüllte Speicherrohre untergebracht, die von Luftkanälen umgeben sind. Die eingeschaltete normale Klimaanlage liefert während der Fahrt, also bei laufendem Motor, mehr Kälte, als für die Kühlung der Fahrerkabine benötigt wird und »lädt« auf diese Weise den Kältespeicher für den später entstehenden Bedarf. Konkret geschieht das durch das geregelte Einspritzen einer gewissen Menge des in der normalen Klimaanlage vorhandenen flüssigen Kältemittels in den Kältespeicher, wo es verdampft und die in den Kühlrohren befindliche Flüssigkeit so lange herunterkühlt, bis diese komplett gefroren ist.

Wenn nun das Fahrzeug mit abgestelltem Motor geparkt ist und die Kabine sich allmählich wieder aufheizt, wird die gespeicherte Kälte durch Schalterbetätigung oder auch fernbedient wieder aktiviert. Dies geschieht mithilfe von regelbaren Gebläsemotoren, die von der Bordelektrik mit Energie versorgt werden und die im Innenraum vorhandene aufgeheizte Luft über Eintrittsöffnungen absaugen, sie an die Kälte abstrahlenden Speicherrohre heranführen, dort trocknen und herunterkühlen lassen. Anschließend wird die kühle Luft durch Austrittsöffnungen wieder in die Kabine geleitet. Der Kältespeicher arbeitet dabei so effizient, dass auch über längere Standzeiten, etwa nachts, ein konstanter Nachschub an kühler Luft aus der Anlage gewährleistet ist. Generell wird die Menge der zugeführten gekühlten Luft automatisch geregelt. Ähnlich wie bei einer Klimatisierungsautomatik im Pkw kann hier eine bestimmte Temperatur in der Kabine vorgewählt werden, die die Anlage selbsttätig durch eine dosierte Zufuhr der gekühlten Luft einhält. Ist die Kühlkapazität des Kältespeichers erschöpft, wird er bei der nächsten Fahrt wieder aufgeladen.

Überwiegend werden Standklimaanlagen als werkseitig angebotenes Extra in Neufahrzeuge eingebaut. Es sind inzwischen aber auch verschiedene Nachrüstlösungen für bereits im Einsatz befindliche ältere Lkw erhältlich, wie die abgebildete von Eberspächer.

Die sowohl automatisch arbeitenden wie vom Fahrpersonal manuell bedienbaren Kühlanlagen sind in ihrer Wirkintensität elektronisch geregelt und steigern das Wohlbefinden der Lkw-Besatzung in Ruhephasen wesentlich – ein wichtiger Beitrag zur Verkehrssicherheit.

5.4 Passive Sicherheit

Im Frontlenkerfahrerhaus ohne Knautschzone, wie es in Europa üblich ist, besteht für das Fahrpersonal bei einem Auffahrunfall unmittelbar eine hohe Gefährdung. Der Sicherheitsgurt hat hier nicht die lebensrettende Funktion wie im Pkw. Moderne Assistenzsysteme mit Abstandsregelung können vor einem Aufprall auf vorausfahrende Fahrzeuge schützen, doch völlig auszuschließen ist solches Unfallgeschehen nie. Daher ist die bestehende ECE-Vorschrift für eine Mindestfestigkeit der Fahrerhausstruktur nach wie vor sehr hilfreich, ebenso wie die noch schärferen gesetzlichen Regelungen, die diesbezüglich in Schweden gelten. Dem Fahrpersonal wird auf diese Weise ein Mindest-Überlebensraum gesichert, und die Türen müssen bei Deformationen geschlossen bleiben. Zudem dürfen die Verbindungen zwischen Fahrerhaus und Fahrgestell keinesfalls reißen. Obwohl schwere Lkw-Unfälle relativ selten sind, richten sie doch meist großen personellen und materiellen Schaden an.

Dank des in manchen Bereichen inzwischen verpflichtenden Einbaus moderner Assistenz- und Sicherheitssysteme hat sich die

Mitarbeiter von Notfalldiensten erproben ein neues Rettungssystem für Unfallopfer.

Situation insgesamt leicht gebessert, doch sollte dieser Weg weiter konsequent beschritten werden. Zu beklagen ist nach wie vor, dass die Bergung des meist schwerverletzten Fahrers aus dem so sicher gebauten Fahrerhaus hohen materiellen und zeitlichen Aufwand erfordert. Es bedarf einer Methodik zur Rettung eines verletzten Fahrers aus einem stark verformten Fahrerhaus mit speziell geschultem Personal. Beispielhaft ist hier das Vorgehen von Mercedes-Benz, wo schon vor Jahren ein Rettungsleitfaden erstellt worden ist. In ihm wird beschrieben, wie durch systematisches Vorgehen nach einem Crash mithilfe hydraulischer Arbeitsgeräte zum Aufdehnen der Struktur wertvolle Zeit zur Bergung eines Unfallopfers gewonnen werden kann. Hilfreich, wenn auch aus datenschutzrechtlichen Gründen nicht unumstritten, sind im Übrigen die inzwischen obligatorischen automatischen Notrufsysteme, kurz eCall genannt. Im Fall des Falles wird selbsttätig die Notrufnummer gewählt, dazu werden ergänzend die Standortdaten des Fahrzeugs an die Leitstelle übermittelt.

5.5 Die Kabine als Kommandozentrale

Im Cockpit des Flugzeugs und auf der Brücke von Schiffen sind Autopiloten zur Einhaltung des Kurses selbstverständlich. Auch im Lkw-Bereich wird die Einführung entsprechender straßentauglicher Assistenzsysteme mit Nachdruck vorangetrieben. Dabei führen die Fortschritte der Elektronik zu hoch vernetzten Systemen, die den Fahrer vor allem im Langstreckenverkehr entlasten und zur Erhöhung der Sicherheit im Verkehr beitragen sollen.

Der um 1990 eingeführte CAN-Bus in Zweileitertechnik vernetzt alle elektronischen Systeme des Fahrzeugmanagements und bewirkt einen ständigen Informationsaustausch aller Teilsysteme untereinander. Abstandswarner und Bremsassistent müssen über das Radarauge feste oder bewegte Objekte erkennen und nicht nur optisch und akustisch warnen, sondern den Bremsvorgang, im äußersten Fall als Notbremsung, bis zum Stillstand einleiten – eine vor allem beim Heranfahren an ein Stauende wichtige Funktion. Der Spurassistent erkennt mit einer Videokamera Mittellinie und seitliche Begrenzung der Fahrbahn und warnt akustisch bei der Andeutung eines Verlassens der Spur. Voraussetzung ist eine einwandfreie Markierung der Mittellinie und des Straßenrands. Weitere Anwendungen der Assistenz- und Sicherheitssysteme führen zum Beispiel zu einer Verbesserung der Nachtsicht mit Ausschaltung der Blendung entgegenkommender Fahrzeuge, ebenso zu einem vorausschauenden Abbiegewarnsystem. Eine Kommunikation zwischen Verkehrsampel und Fahrzeug steht weit oben auf der Entwicklungsagenda, unter anderem, um das Überfahren von Rotlicht zu verhindern.

Das Fahrerhaus hat sich im letzten Jahrzehnt dank der Implementierung zahlreicher elek-

Über solche wie ein Tablet zu bedienenden Endgeräte im Cockpit kommuniziert der Fahrer zum Beispiel mit seinem Disponenten bei der Spedition.

tronischer Assistenzsysteme von der einfachen Fahrerkabine zu einer Überwachungs-, Kommunikations- und Kommandozentrale fortentwickelt. Trotz der weitgehenden Automatisierung zentraler Vorgänge wird der Fahrer aber – vorerst – noch nicht entbehrlich, die volle Verantwortung für sicheren Transport bleibt bei ihm. Zwar sehen vier Augen bekanntlich mehr als zwei, aber die elektronischen Augen werden noch eine Weile nur die Assistenten des Fahrers sein. Und vom sicheren vollautonomen Fahren ist der Lkw-Bereich trotz zahlreicher, vor allem in den USA bereits initiierter Feldversuche und großer Fortschritte noch ein gutes Stück entfernt.

5.5.1 Vernetzung

Mit dem Aufkommen des digitalen Mobilfunks und des Internets Anfang der 1990er-Jahre und den damit verbundenen immensen Möglichkeiten für den Umgang mit großen Datenmengen haben sich unter anderem auch für Logistikunternehmen völlig neue Dimensionen eröffnet, ihr Geschäft vor dem Hintergrund eines ständig steigenden Kosten- und Zeitdrucks effizienter und profitabler zu gestalten. Als erster Nutzfahrzeughersteller hat die damalige DaimlerChrysler AG das Potenzial der neuen Technologien erkannt und im Jahr 2000 als Pionierleistung ein Telematik-basiertes Flottenmanagementsystem präsentiert, das mithilfe entsprechender Geräte detaillierte Fahrzeug- und Fahrdaten direkt vom Fahrzeug an die jeweiligen Flottenbetreiber überträgt. Für das neue, aus Soft- und Hardwarekomponenten bestehende Telematiksystem namens »FleetBoard« sind in der Folge umfangreiche Internetdienste auch für die Logistikbranche geknüpft worden.

Schon zu Beginn war die Möglichkeit gegeben, Software-Updates über das Internet auf den Bordrechner des Fahrzeugs aufzuspielen. Doch das war erst der Anfang: Positive Praxiserfahrungen mit dem innovativen System, dessen Wirksamkeit umso größer ist, je mehr Fahrzeuge einer Flotte darin eingebunden sind, hat mit sich fortentwickelnder Technik in der Folge zu einem konsequenten Ausbau der Potenziale geführt. Zunächst standen dabei die Aspekte Sammlung, Übertragung und Vernetzung von Daten rund um die Fahrweise, den Fahrzeugzustand und aktuelle Tätigkeiten des Fahrers sowie die Einhaltung gesetzlicher Bestimmungen im Mittelpunkt. Das Resultat der Anwendung solcher Systeme war eine Verbesserung der Fahrzeugauslastung und der Fahrzeugverfügbarkeit sowie eine Reduzierung des Flotten-Kraftstoffverbrauchs – mit der Folge höherer Effizienz und niedrigerer Betriebskosten.

Im Rahmen der ständigen Verfeinerung des Systems und steigender Akzeptanz auf Seiten potenzieller Anwender wurde das FleetBoard-System 2011 um eine Flottenmanagement- und Einsatzanalyse-App für iPhone und iPad ergänzt, die es Unternehmern ermöglichte, rund um die Uhr

Fahrer, Fuhrpark und Aufträge – dank umfangreicher Datenübertragung behält der verantwortliche Mitarbeiter eines Flottenbetreibers mithilfe seines PC alles im Blick.

Untereinander und nach außen komplett vernetztes, autonomes Fahren auf jeweils wirtschaftlichste Art und Weise wird zukünftig zum Autobahnalltag gehören.

Verbindung zu ihren Fahrzeugen zu halten. So konnten alle Fahrzeuge auch von unterwegs gesteuert und sämtliche Einsatzanalysen der letzten Tour angezeigt werden. Noch im gleichen Jahr wurde das FleetBoard-System auch auf Transporterflotten ausgeweitet, während es im Schwer-Lkw Mercedes-Benz Actros seitdem zum serienmäßigen Lieferumfang gehörte. Nach zwei weiteren Jahren wurde das System auch an die komplett unterschiedlichen Einsatzprofile von Baufahrzeugen angepasst.

Die Flottenbetreiber profitierten beim Einsatz von Telematiksystemen nicht nur wirtschaftlich, sondern auch im praktischen Umgang mit Hard- und Software von ständiger Weiterentwicklung. Inzwischen vereint die Software für Unternehmer, Fuhrparkleiter und Disponenten mittlerweile alle vom An-

wender gebuchten Dienste, sodass in der Praxis jederzeit volle Transparenz über Position, Verbrauch, Durchschnittsgeschwindigkeit und Kilometerstand eines bestimmten Fahrzeugs zusammen mit Informationen zum Verkehrsfluss sowie zu den Restlenk- und Pausenzeiten des jeweiligen Fahrers besteht. Aktuell verfügen alle renommierten Nutzfahrzeughersteller über eigene Telematik-basierte Flottenmanagementsysteme, und auch zahlreiche freie Anbieter tummeln sich auf diesem Boommarkt.

5.5.2 Multimedia

Neben den bereits seit längerem standardmäßig eingesetzten Telematiksystemen haben in letzter Zeit auch internetbasierte Multimediasysteme vermehrt in die Lkw-Kabine Einzug gehalten. Diese kombinieren das klassische Radio-Infotainmentsystem, die Fahrzeugtelefonie und die – immer komplexer werdende – Kartendarstellung des Navigationssystems mit Apps, die herstellerübergreifend etwa das Flotten-

oder Transportmanagement, aber auch individualisierte Softwarelösungen des einzelnen Logistikunternehmers unterstützen. Auf diese Weise dienen sie dazu, den einzelnen Lkw in die digitalen Geschäftsprozesse des Transportdienstleisters optimal zu integrieren, und auf diese Weise die Arbeit von Disponenten, Flottenmanagern sowie des Fahrpersonals einfacher zu machen und die betriebswirtschaftliche Gesamteffizienz des Fahrzeugeinsatzes zu steigern. Die Verwendung solcher Multimediasysteme, die als offene Plattform gestaltet sind und auf dem Android-Betriebssystem basieren, macht die bisher erforderliche aufwendige und teure Installation separater Hard- und Software im Fahrerhaus überflüssig.

Welche Apps im interaktiven Multimediasystem des jeweiligen Lastwagens installiert werden, obliegt Entscheidern bei den Fahrzeug- oder Flottenbetreibern. Der Datenzugriff kann dabei individuell gestaltet werden. Die Verwaltung der den einzelnen Fahrzeugen zugewiesenen Apps erfolgt üblicherweise auf dem Desktop-Rechner des Flottenmanagers. Er hat hier den Überblick, welche Apps in welchen Fahrzeugen installiert sind, und ob es Updates gibt. Sowohl die Installation wie das Updaten von Apps erfolgt einfach vom Büro aus in wenigen

Das 12 Zoll messende Touchscreen-Display ist das zentrale Bedien- und Anzeigefeld im neuen »Multimedia Cockpit, interactive«, das auf Wunsch für die schweren Mercedes-Benz Lkw-Baureihen Actros und Arocs bestellt werden kann.

Über den Bildschirm werden auch die Navigation, das Infotainment-Programm sowie die Telefonie gesteuert und angezeigt.

Schritten über die mobile Verbindung zum Lkw. Ebenso einfach lassen sich Apps auch wieder löschen. Bei keinem dieser Vorgänge muss das Fahrzeug vor Ort sein. Zu den Kernqualitäten solcher Multimediasysteme gehört ihre einfache, selbsterklärende Bedienbarkeit. Bei Berührung des üblicherweise auf der Cockpit-Brüstung installierten Touchscreens öffnet sich schon auf der ersten Navigationsebene eine Übersicht über alle installierten Apps.

5.5.3 Digitales Kontrollgerät

Aus rechtlichen Gründen nicht in fahrzeugbasierte Digitalsysteme integriert, sondern getrennt eingebaut sind die seit 2006 auch für neu zugelassene, gewerblich genutzte Lkw ab einem zulässigen Gesamtgewicht von 3,5 t in Deutschland, dem gesamten EU-Raum und verschiedenen anderen Ländern obligatorischen sogenannten EG-Kontrollgeräte. Dabei handelt es sich um die moderne Version des früheren Fahrtenschreibers, bei der Lenk-, Arbeits-, Bereitschafts-, Ruhe- und Unterbrechungszeiten sowie die zurückgelegten Entfernungen gespeichert werden. Ebenfalls registriert werden die gefahrenen Geschwindigkeiten innerhalb der letzten 24 Fahrstunden, jeweils in Sekundenschritten. Geschwindigkeitsüberschreitungen werden dabei nicht nach 24 Stunden wieder gelöscht, sondern eine Zeit lang festgehalten.

Entsprechend den aktuellen technischen Möglichkeiten erfüllt das EG-Kontrollgerät neben seiner Funktion als Speicherinstrument auch eine Reihe anderer Aufgaben. Am wichtigsten ist jedoch die Dokumentation und Sicherstellung der Arbeitsbedingungen für Trucker.

Das Speichermodul eines EG-Kontrollgeräts ist versiegelt und speichert die erfassten Daten eines kompletten Kalenderjahres. Darüber hinaus umfasst das System eine entnehmbare personalisierte Speicherkarte, die mindestens 28 Tage lang alle behördlicherseits geforderten Daten vorhält. Neben diesen fahrerbezogenen Karten gibt es noch Unternehmer-, Werkstatt- und Kontrollkarten. Mithilfe der letzteren können Polizisten und Beamte des Bundesamtes für Güterverkehr (BAG) bei Straßenkontrollen auf die im Gerät gespeicherten Daten zugreifen. Ebenfalls zur Ausstattung von EG-Kontrollgeräten gehört ein Drucker, der im Bedarfsfall Angaben zu Fahrer, Fahrzeug und Kontrollgerät sowie ein Arbeitszeitprofil und die Kilometerstände ausdruckt. Eine Übersicht über die gefahrenen Geschwindigkeiten wird hingegen nicht angezeigt. Ist die Speicherkapazität der Fahrerkarte erreicht, werden die ältesten Daten automatisch überschrieben.

Das gesamte System unterliegt strengen Bestimmungen, um Manipulationen bestmöglich zu unterbinden. Dazu gehört unter anderem, dass die am EG-Kontrollgerät eingestellte Uhrzeit maximal 20 Minuten von der allgemein verbindlichen Koordinierten Weltzeit (UTC) abweichen und diese um höchstens eine Minute pro Woche manuell korrigiert werden darf. Ergibt sich ein höherer Korrekturbedarf, ist ein Werkstattbesuch verpflichtend vorgeschrieben. Ebenfalls um missbräuchliche Bedienung des Systems auszuschließen, ist das Einstecken und Entnehmen der Fahrerkarte nur bei stehendem Fahrzeug möglich. Um auch auf technischer Seite höchstmöglichen Manipulationsschutz zu gewährleisten, verschlüsselt der Impulsgeber am Getriebeausgang sein Signal mittels kryptografischer Verfahren.

Die Bedienung des digitalen EG-Kontrollgeräts ist, um in der täglichen Praxis keine Probleme zu verursachen, sehr einfach. Vor Fahrtantritt muss sich der Fahrer durch das Einstecken der Fahrerkarte beim Kontrollgerät anmelden. Nach erfolgreichem Einlesen der Karte erscheint der Nachname des Fahrers im Display. Dann fragt das System zunächst danach, ob Zeitnachträge manuell ausgeführt werden müssen. Dies kann zum Beispiel erforderlich sein, wenn Ladetätigkeiten oder Anfahrten ohne gesteckte Fahrerkarte erfolgt sind. Grundsätzlich schaltet das Gerät automatisch zwischen Lenkzeit und Arbeitszeit um. Für den Fall, dass ein zweiter Fahrer an Bord ist, verfügen die Kontrollgeräte über einen zweiten Kartenschacht.

Zwar hat die Einführung des EG-Kontrollgeräts nach 2006 zunächst zu manchen Problemen im grenzüberschreitenden Güterverkehr mit Ländern außerhalb des EU-Raums geführt, doch ist diese Phase überwunden. Ist man allerdings mit einem alten Fahrzeug und analogem Fahrtenschreiber ins Ausland unterwegs, empfiehlt es sich bei Kontrollen, nach wie vor neben den alten Schaublättern aus Papier auch eine Fahrerkarte vorzeigen zu können – auch wenn diese im Fahrzeug mangels technischer Möglichkeiten nicht benutzt werden kann.

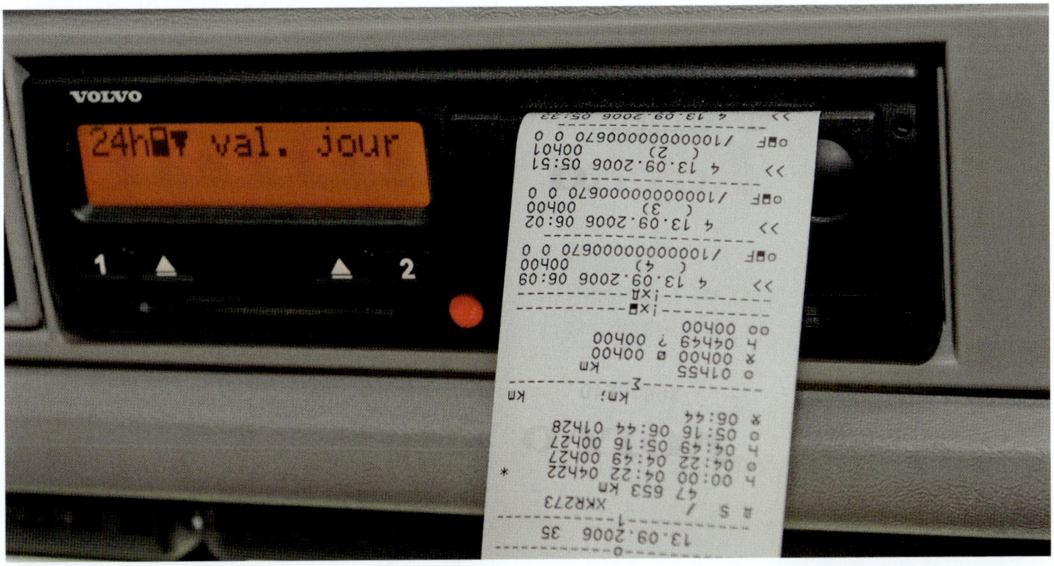

Bestimmte Daten aus dem Gerätespeicher können mittels des in den Geräten integrierten Druckers auf Papier ausgegeben werden.

Durch die kompakte Bauart der Geräte, die in einen Autoradio-Normschacht passen, findet sich stets ein geeigneter Unterbringungsort in den Fahrerkabinen – hier zum Beispiel bei Volvo in einer überkopf angeordneten Bedienkonsole.

5.6 Das Fahrerhaus der Zukunft

Bis auf Weiteres werden Lkw-Fahrer und -Fahrerin im geräumigen, gut ausgestatteten und klimatisierten Fahrerhaus mit direkter Kommunikationsmöglichkeit zur Zentrale arbeiten und wohnen. Allzu zukunftsgläubige Prophezeiungen, nach denen der Berufsstand durch die bald gegebene Möglichkeit des vollautonomen Fahrens überflüssig werden wird, haben sich inzwischen als äußerst voreilig herausgestellt. Fahrpersonal, das die volle Verantwortung für Fahrzeug und Transportgut trägt, egal wie viel eigentliche »Fahrarbeit« dabei noch erforderlich ist, bleibt auch auf lange Sicht unverzichtbar. Allerdings ist absehbar, dass sich die Arbeitsbedingungen verändern werden. Durch die Elektromobilität – sei es im Verteilerverkehr durch batterieelektrische Antriebe oder möglicherweise den Einsatz von Brennstoffzellen als Stromerzeuger bei Fernverkehrs-Lkw – dürfte sich zumindest das Thema Geräuschbelastung zum Besseren entwickeln. Welche Auswirkungen die mit diesen Antriebstechnologien in Verbindung stehenden Rhythmen des Strom- oder Wasserstofftankens, die sich in mancher Hinsicht noch sehr vom gewohnten Nachtankvorgang an der Lkw-Diesel-Säule unterscheiden, auf die Arbeitszeiten des Fahrpersonals haben werden, bleibt abzuwarten.

Vielleicht bieten diese Aspekte auch neue Möglichkeiten, um die seit langem problematische Beschäftigungssituation im Bereich

Studie eines künftigen Fahrerplatzes mit seitlicher Verschiebemöglichkeit.

Berufskraftfahrer zu entspannen, wo massiver Personalmangel an der Tagesordnung ist. Dank der bislang schon erreichten physischen Entlastung im Arbeitsalltag mag der Beruf künftig auch für immer mehr Frauen attraktiv werden. In diesem Zusammenhang ist darüber hinaus zu erwarten, dass künftig Frauen mehr Einfluss auf die Gestaltung und Ausstattung von Lkw-Fahrerhäusern nehmen werden.

Der Platz hinter dem Lkw-Steuer ist längst keine Männerdomäne mehr.

VOLVO

Komfortabler Wohn- und geschützter Arbeitsplatz zugleich: Die Lkw-Kabine hat während der letzten Dekaden die wohl stürmischste Weiterentwicklung und Modernisierung aller Elemente im Nutzfahrzeugbau erlebt. Ihre Bedeutung wird in Zukunft noch wachsen.

6. Sicherheitsassistenzsysteme

Die Bemühungen der Techniker, die allgemeine Verkehrssicherheit durch vom Menschen weitgehend unabhängig agierende Regelsysteme an Bord zu verbessern, starteten bereits in den 1960er-Jahren mit der Entwicklung des Antiblockiersystems ABS. 1970 wurden die ersten funktionsfähigen Geräte mit elektronischer Regelung für Pkw, aber auch für Nutzfahrzeuge und Omnibusse, der Öffentlichkeit vorgestellt. Voraussetzung für die Weiterentwicklung bis hin zur Serienreife war allerdings die Einführung der Digital- anstelle der Analogtechnik in der Regel-Elektronik, da ohne zuverlässige Elektronik die feinfühlige Regelung der Radbremsen nicht realisierbar war. Alle in den Folgejahrzehnten danach eingeführten innovativen Assistenzsysteme konnten nur vor dem Hintergrund sich in rasantem Tempo weiterentwickelnder Elektronik und Sensorik verwirklicht werden.

6.1 Nutzfahrzeug-ABS

Was heute im Lkw und Omnibus zur Serienausstattung gehört, war im Jahr 1981 ein großer Schritt zu mehr Verkehrssicherheit. Dank des ABS für Nutzfahrzeuge waren – im Rahmen der gegebenen physikalischen Grenzen – während einer Vollbremsung noch Lenkmanöver möglich, gerieten Lastwagen und Omnibusse beim Bremsen auf unterschiedlich griffigen Fahrbahnoberflächen nicht mehr so schnell ins Schleudern, knickten keine Sattelzüge mehr ein und brachen Anhänger bei harten Bremsmanövern nicht mehr so leicht aus.

Das ABS an die zahlreichen Nutzfahrzeugvarianten mit ihren individuellen Spezifikationen und Einsatzprofilen anzupassen, erwies sich jedoch als äußerst anspruchsvolle Aufgabe: Unterschiedliche Gewichte und Beladungszustände, Solowagen, Glieder- und Sattelzüge, diverse Radstände, unterschiedliche Aufbauvarianten und Achskonfigurationen waren zu berücksichtigen.

Pioniere der Entwicklung waren Daimler-Benz – die mit dem System im Pkw-Bereich bereits 1978 in die Serienfertigung gegangen waren – und der US-Bremsenhersteller WABCO als Entwicklungspartner. Auf einer Versuchsstrecke im finnischen Rovaniemi

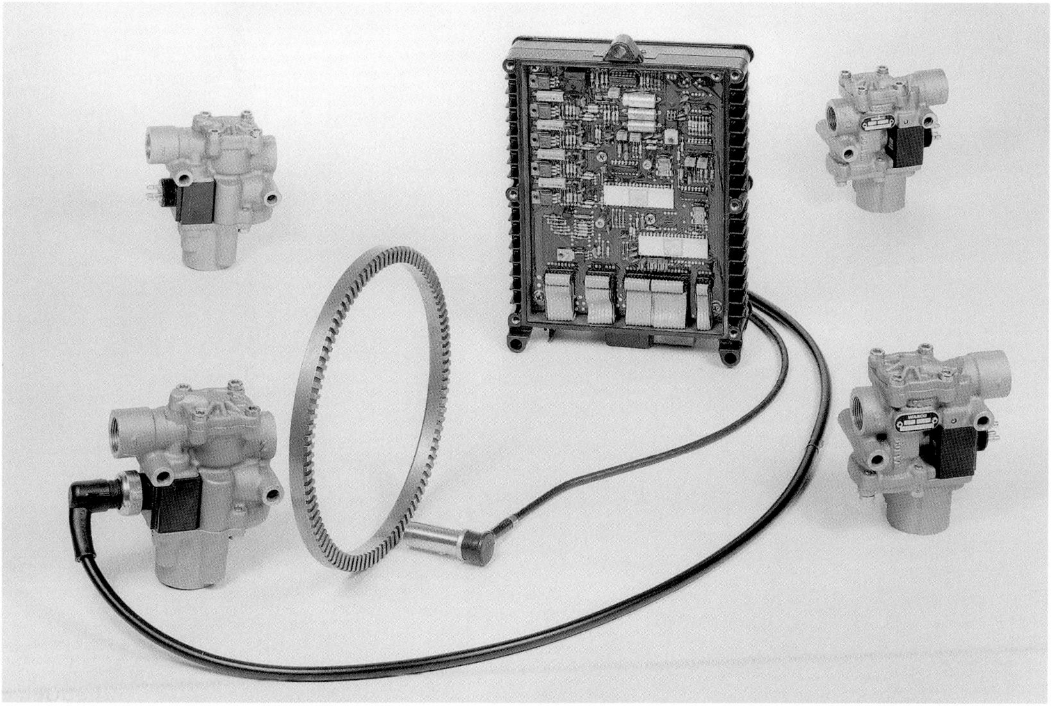

In den frühen 1980er-Jahren war das von Daimler-Benz und dem US-amerikanischen Bremsenhersteller WABCO in Kooperation entwickelte Antiblockiersystem für Nutzfahrzeuge serienreif. Gegenüber dem Pkw-Bereich waren die Anforderungen an das ABS wesentlich höher.

führte Daimler-Benz Anfang 1981 die Vorzüge des neuen ABS vor. Ab Herbst desselben Jahres war das System dann für schwere Lastwagen und Reisebusse, zunächst als Sonderausstattung, verfügbar; weitere Fahrzeugklassen folgten. Das Ziel von ABS: bestmögliche Richtungsstabilität, volle Lenkfähigkeit und ein kürzestmöglicher Bremsweg. Mit Einführung des ABS erfolgte 1981 gleichfalls weltweit erstmals die Steuerung einer Bremse in einem Nutzfahrzeug durch einen Mikrocomputer.

Die Einführung des Antiblockiersystems war der Start einer rasanten Entwicklung in der Nutzfahrzeug-Bremsentechnik. Aus dem ABS entwickelten die Ingenieure die Antriebs-Schlupfregelung ASR, die in ihrer Funktionalität im Grunde eine Umkehrung des ABS darstellte. 1996 setzte der Schwer-Lkw Mercedes-Benz Actros einen neuen Meilenstein mit der ersten elektronischen Bremsenregelung (EBS) in Verbindung mit Scheibenbremsen rundum für Lkw. Als nächsten Schritt adaptierten die Stuttgarter im Jahr 2000 als weltweit erster Hersteller das Elektronische Stabilitätsprogramm ESP, das schon seit 1995 im Pkw-Bau der Marke eingesetzt worden war, an den Einsatz in Nutzfahrzeugen und Bussen. Das System bewirkte durch gezieltes Anbremsen einzelner Räder in kritischen Situationen eine Stabilisierung des Fahrzeugs.

Nicht nur auf komplett vereisten oder schneeglatten Straßen bot das ABS einen erheblichen Zugewinn an Fahrsicherheit. Auch bei unterschiedlichen Reibwerten im Nassen, wie hier durch zweierlei Fahrbahnoberflächen, stellte das System bestmögliche Spurstabilität her.

Das Nutzfahrzeug-ABS musste unter allen Bedingungen zuverlässig funktionieren – egal ob in einem Einzelfahrzeug, einem Glieder- oder einem Sattelzug. Auch die jeweilige Gewichtsklasse, die Achskonfiguration sowie die Beladungssituation mussten berücksichtigt werden.

6.2 Abstandsregeltempomat

Die Geschwindigkeitsregelanlage, im allgemeinen Sprachgebrauch Tempomat genannt, gehört zu den am längsten etablierten und am weitesten verbreiteten Assistenzsystemen. Dies gilt vor allem für den Pkw-, aber auch für den Nutzfahrzeugbereich, wo insbesondere Fahrer von Fernverkehrs-Lkw von einer solchen Vorrichtung profitieren. Parallel zum ESP, ab etwa dem Jahr 2000, kam erstmals eine wesentlich weiterentwickelte Form des einfachen Tempomaten zum Einsatz. Der sogenannte Abstandsregeltempomat, auch häufig in englischer Form als Adaptive Cruise Control, kurz ACC, bezeichnet, konnte nun mit Hilfe eines Radarsensors auch den Abstand vorausfahrender Fahrzeuge erfassen und die Einhaltung des vorgeschriebenen Mindestabstands zum Vordermann in seine Regelstrategie einbeziehen und das Fahrtempo entsprechend anpassen.

Aktiviert der Fahrer das Gerät, treten alternativ zwei Funktionsmodi in Kraft. Bei »Freier Fahrt« erkennt der Radarsensor auf eine Entfernung von bis zu 150 Meter kein oder nur ein schnelleres Fahrzeug. In diesem Fall beschleunigt der Abstandsregeltempomat den Lkw, bis die voreingestellte

Die prinzipielle Funktionsweise eines Abstandregeltempomaten ist in Pkw und Lkw identisch. Radarbasierte Sensorik registriert die Abstände und Relativgeschwindigkeiten vorausfahrender Fahrzeuge, und mehrere Steuergeräte regeln die geeignete Fahrweise.

Geschwindigkeit erreicht wird. Ist der Verkehr stärker und erkennt der Sensor ein mit gleicher Geschwindigkeit oder langsamer voraus fahrendes Fahrzeug, kommt der sogenannte »Kolonnenfahrt«-Modus zum Einsatz. Nun reduziert das System selbsttätig durch Motor-, Dauer- und Betriebsbremseneingriff die Geschwindigkeit so weit, bis der voreingestellte Abstand zum Vordermann eingehalten wird. Bei Lkw mit ihren hohen Nutzlasten werden, anders als im Pkw, die Bremseingriffe in ihrer Dauer begrenzt, um die Systeme nicht zu überlasten. Im Fall einer Überforderung des Abstandsregeltempomaten, sei es durch bewusste Fahrmanöver oder durch unvermittelt entstehende Verkehrssituationen, wird dies durch eine entsprechende Warnleuchte in der Armaturentafel angezeigt. Entsteht dennoch oder auch ohne Eingreifen des Fahrers eine konkrete Unfallgefahr, signalisiert dies zusätzlich ein lauter Warnton in der Kabine.

In technischer Hinsicht greift das Gesamtsystem, um bestmögliche Funktionssicherheit zu gewährleisten, auf Geber für

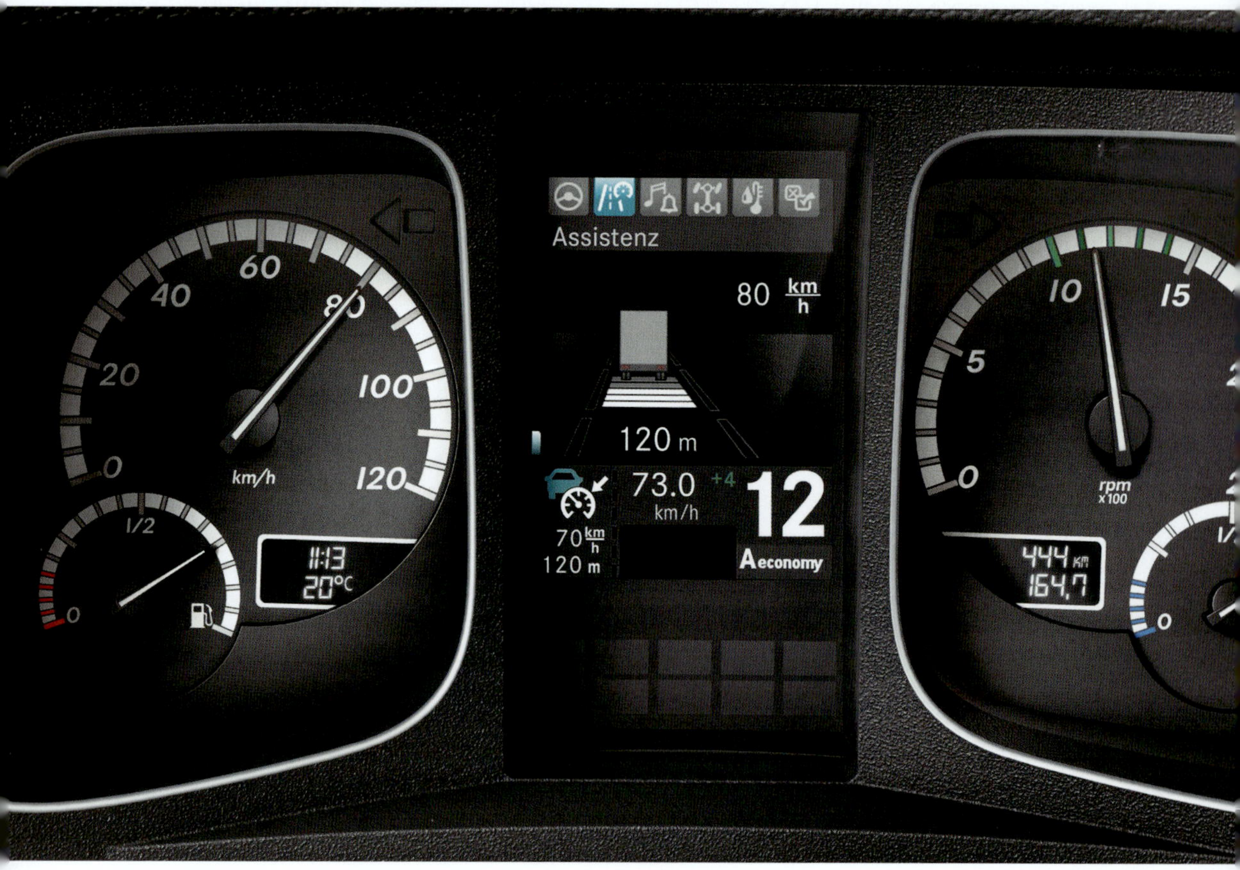

Eine Signal- bzw. Warnleuchte in der Armaturentafel – hier eines Mercedes-Benz Actros Schwer-Lkw – tritt in Aktion, falls das System entweder durch Fahrereinwirkung oder extreme Verkehrssituationen überfordert ist.

Der Radarsensor eines Abstandsregeltempomaten ist ein sehr kompaktes Bauteil und befindet sich entweder an der Frontschürze des Lkw oder auch hinter dem Kühlergrill. Er liefert die entscheidenden Daten, die das Funktionieren des Systems sicherstellen.

den Radarsensor, die Raddrehzahl, den Fahrgeschwindigkeits- und den Bremswert sowie auf eine Vielzahl von im Lkw vorhandenen Steuergeräten zurück. Zu Letzteren gehören unter anderem die für den Motor, das Getriebe, die Bremsen, den Retarder und natürlich der für den Abstandsregeltempomaten selbst.

Kern des Systems ist die radarbasierte Objekterkennung. Der entsprechende Sensor ist zumeist in der Bugschürze des Lkw untergebracht und erfasst die komplette

Breite einer dreispurigen Autobahn. Die vom Sensor ausgesendeten Signale werden von sämtlichen Objekten, die sich in einer Distanz von 100 Meter vor dem Fahrzeug befinden, reflektiert. Auf Basis der Laufzeitdauer der Signale können dann die Abstände berechnet werden. Unter Zuhilfenahme der dabei gleichzeitig registrierten Veränderungen der Schallwellen werden auch die relativen Geschwindigkeiten des eigenen Fahrzeugs zu denen der vorausfahrenden Fahrzeuge festgestellt. Das auf diese Weise erlangte Datenmaterial wird unmittelbar vom Steuergerät des Abstandsregeltempomaten ausgewertet und daraus der konkrete Abstand, die relative Geschwindigkeit sowie

Solche Notbremsmanöver mit am Ende ungewissem Ausgang soll ein Abstandsregeltempomat verhindern, indem er stets die passende Fahrgeschwindigkeit sowie den vorgeschriebenen Abstand zum Vordermann sicherstellt.

die relative Beschleunigung des erfassten Fahrzeugs berechnet. Die gewonnenen Informationen gelangen anschließend an das für die Fahrregelung zuständige Steuergerät und von dort mit den entsprechenden Befehlen an die Motor- und Bremssteuergeräte, die dann die notwendigen Eingriffe vornehmen.

6.3 Notbremsassistent

Der nächste große Schritt im Bereich der Fahrsicherheits-Assistenzsysteme war die Weiterentwicklung des Abstandsregeltempomaten zur automatischen Notbremse. Wiederum als Weltpremiere im Lkw-Bau bot

Fast immer zu fatalen Folgen führt das Übersehen eines Stauendes auf der Autobahn durch unaufmerksame Lkw-Lenker. Hier können die seit rund zehn Jahren verfügbaren aktiven Notbremsassistenten Leben retten.

Mercedes-Benz ab 2006 im Schwer-Lkw Actros mit Active Brake Assist (ABA) ein solches System an. Es beschränkte sich nicht mehr auf limitierte Anpassungsbremsungen, sondern leitete bei erkannter Aufprallgefahr nach vorgeschalteten gestuften Warnhinweisen für den Fahrer selbsttätig eine Notbremsung ein. Aufgrund ihrer erwiesenen Wirksamkeit schrieb auch der Gesetzgeber den obligatorischen Einbau solcher Bremsassistenzsysteme ab Ende 2009 zunächst für leichte und ab 2011 für alle neu produzierten Lkw vor.

Das rasante Fortschreiten der Fahrzeugelektronik führte im weiteren Verlauf zu einer immer weiteren Reduzierung des menschlichen Faktors bei technikbasierten Maßnahmen zur Unfallvermeidung. Mercedes-Benz hielt das Entwicklungstempo hoch und präsentierte 2010 die zweite Generation des Notbremssystems. ABA 2 bediente sich eines neuen Radarsystems, das bei Geschwindigkeiten bis zu 89 km/h einen Bereich von bis zu 200 Metern der vor dem Lkw liegenden Fahrspur scannt und dabei laufend den Abstand und gegebenenfalls die Differenzgeschwindigkeit eines vorausfahrenden und sogar eines stehenden Fahrzeugs oder eines anderen Hindernisses erfasst. Hält das System bei unveränderter Fahrt einen Aufprall für unvermeidlich, gibt es zunächst optische und akustische Warnsignale für den Fahrer. Greift dieser nicht angemessen ein, startet ABA 2 zunächst eine Bremsung mit 50 % der möglichen Bremskraft. Der Fahrer hat dann die Möglichkeit, eine die Situation entschärfende Bremsung vorzunehmen.

Weiter in seiner Erkennungs- und Reaktionsfähigkeit verbessert, wurde 2012 das System ABA 3 vorgestellt. Unverändert in seiner Funktionslogik, leitete die neueste Generation des Active Brake Assist nach erfolglosen Warnroutinen nun automatisch, ohne Zutun des Fahrers, eine Vollbremsung bis zum Stillstand ein.

Der nächste große Innovationsschritt folgte 2016 mit dem ABA 4, in dem nun weltweit erstmals ein Abbiege-Assistent mit Personenkennung integriert war. Die Entwicklung des Systems war konsequent vorangetrieben

Der Active Brake Assist (ABA) erkennt Hindernisse und leitet eine Bremsung ein.

Der von Mercedes-Benz Ende 2016 eingeführte radargestützte Abbiege-Assistent unterstützt den Fahrer bei einer der unfallträchtigsten innerörtlichen Verkehrssituationen.

worden, weil es das Potenzial bot, rund die Hälfte aller Unfälle zwischen Lkw und Fußgängern bzw. Radfahrern zu vermeiden und die Zahl der damit verbundenen Todesfälle um bis zu rund ein Drittel und die der Schwerverletzten um mehr als 40 % zu reduzieren. Der Abbiege-Assistent unterstützt den Fahrer schwerer Lkw in Situationen mit eingeschränkter Sicht oder wenn die Gefahr der Ablenkung durch das Verkehrsgeschehen besteht.

Die Arbeitsweise des Systems ist mehrstufig ausgelegt: Wenn sich ein bewegliches Objekt in der seitlichen Überwachungszone des Lkw aufhält, wird der Fahrer zunächst optisch informiert. In der A-Säule auf Beifahrerseite leuchtet in Blickhöhe des Fahrers eine LED gelb auf. Dabei lenkt die Leuchte die Aufmerksamkeit des Fahrers intuitiv auf die Situation neben seinem Fahrzeug und in Richtung auf die Außenspiegel auf der Beifahrerseite. Bei akuter Kollisionsgefahr erfolgt eine zusätzliche optische und akustische Warnung. Die LED-Leuchte blinkt mehrfach rot mit höherer Leuchtkraft, nach zwei Sekunden permanent rot. Zusätzlich ertönt bei drohender Kollision seitenrichtig ein Warnton über einen Lautsprecher der Radioanlage.

Diese Unterstützung des Fahrpersonals erfolgt über den gesamten Geschwindigkeitsbereich des Lkw, vom Stand – etwa an einer Ampel – bis zur zulässigen Höchstgeschwindigkeit. Dabei berücksichtigt das System für den Einsatz seiner Warnsignale auch Aktionen des Fahrers, etwa beim Anfahren den gesetzten Blinker auf der Beifahrerseite oder den Lenkeinschlag sowie fortlaufend den Abstand zu einem bewegten oder beweglichen Objekt.

Herzstück des Abbiege-Assistenten sind zwei Nahbereichs-Radarsensoren auf der Beifahrerseite vor der Hinterachse des Lkw. Die seitliche Überwachungszone hat eine Breite von 3,75 m und deckt die komplette Länge des Lkw ab – sei es als Solofahrzeug wie auch einen kompletten Zug mit bis zu 18,75 m Länge. Darüber hinaus wird dieser überwachte Bereich noch auf zwei Meter nach vorne vor den Lkw ausgedehnt sowie auf einen Meter hinter Auflieger- bzw. Anhängerende. Während der Fahrt arbeitet das System selbstlernend: Wenn zum Beispiel beim Abbiegen der Anhänger oder Auflieger in den Sichtbereich des Radars gelangen, passt sich der Abbiege-Assistent an ein eventuell geändertes Knickverhalten des Zuges, etwa nach einem Anhängerwechsel, an.

Der Abbiege-Assistent ist ein gutes Beispiel für die zunehmende Vernetzung der Systeme innerhalb des Fahrzeugs. So erhält er die Information über den Fahrzeugstillstand von den Raddrehzahlsensoren, und er unterscheidet in seiner Reaktion zwischen niedrigen und hohen Geschwindigkeiten. Dabei

Überraschend auf die Straße tretende, dazu noch häufig abgelenkte Fußgänger sind innerhalb geschlossener Ortschaften eine der häufigsten Unfallursachen mit Lkw-Beteiligung. Die jüngste ABA-Generation mit Abbiege-Assistent kann hier Abhilfe schaffen.

verarbeitet das Steuergerät des Abbiege-Assistenten neben den Radardaten auch die erfassten Fahrerreaktionen, die gewählten Systemeinstellungen im Kombiinstrument sowie Fahrzeugbewegungs- und -konfigurationsdaten aus den Zentralelektroniken und dem Bremssystem.

Zunächst war das ABA 4 für den Fernverkehrs-Lkw Actros verfügbar. Später kamen die Baufahrzeuge der Modellreihe Arocs und der überwiegend für den Einsatz im Kommunalbereich konzipierte Mercedes-Benz Econic dazu. Seit Juli 2020 müssen in Deutschland neu zugelassene sogenannte Lang-Lkw obligatorisch mit einem Abbiege-Assistenten samt mitblinkenden Seitenmarkierungsleuchten ausgestattet sein. Da diese Regelung ab Juli 2022 auch für entsprechende Bestandsfahrzeuge in Kraft tritt, sind inzwischen auch verschiedene zugelassene Nachrüstsysteme auf dem Markt, deren Funktionalität nicht primär radar-, sondern kamera- oder softwarebasiert ist.

6.4 Aufmerksamkeits-Assistent

Bei diesem elektronischen Fahrassistenzsystem, auf Englisch als »Attention Assist« bezeichnet, handelt es sich um eine Müdigkeitserkennung, die zunehmend nun

Besonders in den USA mit ihren schier endlosen, häufig eintönigen Highways kann ein Aufmerksamkeits-Assistent, hier Attention Assist genannt, vor müdigkeitsbedingten Unfällen schützen. Er gehört beim Fernverkehrs-Truck Freightliner Cascadia meist zum üblichen Ausstattungsumfang.

auch in Nutzfahrzeugen eingesetzt wird. Das System soll Verkehrsunfälle durch übermüdetes Fahrpersonal und insbesondere den gefährlichen Sekundenschlaf verhindern helfen. Inzwischen gehen wissenschaftliche Studien davon aus, dass auf Autobahnen rund 25 % aller schweren Unfälle auf übermüdete Fahrer zurückzuführen sind. Besonders groß ist das Risiko eines Sekundenschlafs bei Langstreckenfahrten in der Dunkelheit oder unter gleichbleibenden Bedingungen auf langen Geradeausstrecken. Untersuchungen haben gezeigt, dass sich die Reaktionszeit von Autofahrern schon nach vier Stunden Nonstop-Fahrt um 50 % verschlechtern kann. Damit verdoppelt sich das Unfallrisiko, und es verachtfacht sich bereits nach einer sechsstündigen Fahrzeit ohne Pause.

Um Unfällen vorzubeugen, muss das System nachlassende Konzentration früh genug erkennen können. Die Einschätzung des Wachheitszustandes des Fahrers muss zudem in einem für ihn akzeptablen Rahmen stattfinden, darf also weder einen besonderen Aufwand erfordern noch Fehlalarme auslösen. In der Entwicklungsphase wurden unterschiedliche Ansätze verfolgt. Als effizienteste Methode kristallisierte sich nach Tests mit Hunderten von Probanden heraus, das Fahrverhalten des Autolenkers zu beobachten und daraus ein individuelles Fahrerprofil zu erstellen, das ständig mit aktuell generierten Sensordaten abgeglichen wird. Diese permanente Fahrerbeobachtung durch eine Videokamera ermöglichte es, den gleitenden Übergang vom Wachzustand zur Ermüdung des Fahrzeuglenkers zu erkennen und rechtzeitig Warnsignale aussenden zu können.

Die Erfassung von Fahrgeschwindigkeit, Längs- und Querbeschleunigung, Lenkradbewegungen, Blinker- und Pedalbetätigungen sowie bestimmten Bedienhandlungen und äußeren Einflüssen wie Seitenwind oder Fahrbahnunebenheiten führten zu der Erkenntnis, dass ein übermüdeter Fahrer am ehesten durch sein Lenkverhalten auffällt. Er hat erkennbar Mühe, die Spur präzise einzuhalten und macht kleinere Lenkfehler, die er oft abrupt korrigiert. Dieses Phänomen tritt bereits in einer frühen Phase beginnender Müdigkeit auf. Bei den aktuellen Aufmerksamkeits-Assistenten werden solche typischen Indikatoren für Übermüdung durch die kontinuierliche Erfassung und Auswertung von bis zu 70 Parametern rechtzeitig erkannt. Ist das der Fall, wird der Fahrzeuglenker durch ein akustisches Warnsignal in Kombination mit einer Anzeige im Cockpitdisplay dazu aufgefordert, eine Pause einzulegen.

Freundlich, aber bestimmt legen Warnleuchten in den Cockpitdisplays eine notwendige Fahrpause nahe. Sie erscheinen, begleitet von akustischen Signalen, sobald der Fahrzeuglenker typische Symptome einer Ermüdung zeigt.

Auch in den Schwerlastern des japanischen Nutzfahrzeugherstellers Fuso überwacht eine an der Armaturentafel hinten mittig angebrachte kleine Videokamera fortlaufend den Wachheitszustand des Fahrers.

An Bord kann der Aufmerksamkeits-Assistent auch in andere Assistenzsysteme, wie zum Beispiel dem Spurhalte-Assistent, eingebettet sein. Sämtliche Systeme arbeiten schon ab einer niedrigen Schwellengeschwindigkeit. Der »AttentionGuard« genannte Aufmerksamkeits-Assistent, der in MAN-Fahrzeuge eingebaut wird, wird bereits ab einem Tempo von 60 km/h aktiv. Automatisch betriebsbereit ist dieses wie alle vergleichbaren Systeme, sobald der Motor gestartet wird. Dabei spielt es keine Rolle, ob es Tag oder Nacht ist.

6.5 Spurhalte-Assistent

Die Entwicklung der Spurhalte-Assistenten begann parallel zum Aufkommen leistungsfähiger Elektronik- und Kamerasysteme im ersten 2000er-Jahrzehnt. Sie gehören damit zu den ersten komplexeren Assistenzsystemen, und ab Ende 2013 wurde ihr Einbau für neu zu genehmigende Lkw-Typen verpflichtend. Zwei Jahre später mussten alle neu zugelassenen Nutzfahrzeuge einen solchen Assistenten serienmäßig an Bord haben.

Der Spurhalte-Assistent erkennt Fahrbahnbegrenzungen und warnt bei Abweichungen.

Der Spurhalte-Assistent ist ein optisch gesteuertes System, das den Fahrer akustisch warnt, wenn er im Begriff ist, seine Fahrspur zu verlassen. Technisch bestehen diese Systeme im Wesentlichen aus einem elektronischen Steuergerät, einer Videokamera sowie einer Kontrollleuchte am Armaturenbrett und einem Lautsprecher zur Übermittlung des akustischen Warnsignals an das Fahrpersonal. Die Kamera ist üblicherweise direkt an der Frontscheibe platziert. Ihre Optik ist präzise auf die Erkennung der Fahrbahnmarkierungen ausgerichtet und leitet die erlangten Bildinformationen an das Steuergerät weiter. Dieses wiederum verarbeitet und digitalisiert die Informationen und gleicht sie anschließend mit einem als Referenz dienenden, festgelegten Bildausschnitt ab. Ergibt sich beim Vergleich eine Symmetrie zwischen aktuell ermittelten Daten und dem vorgegebenen Muster, befindet sich das Fahrzeug korrekt innerhalb seiner Fahrspur. Zur weiteren Verifizierung des aktuellen Fahrzustands zieht der Spurhalteassistent zusätzlich Daten über die Fahrgeschwindigkeit und den Lenkwinkel der Vorderräder heran.

Die bei Spurhalteassistenten eingesetzte Kamera ist bei Lastwagen für gewöhnlich an der Innenseite der Windschutzscheibe angebracht und in ihrer Optik exakt kalibriert, um ihrer Aufgabe perfekt nachkommen zu können.

Für den Fall, dass das System eine Diskrepanz zwischen den Soll- und den Ist-Daten ermittelt und sich dazu noch – ohne Blinkerbetätigung, also offenbar unbeabsichtigt – der Lenkwinkel der Vorderräder unzulässig verändert, tritt eine Warnfunktion in Kraft. Zunächst werden die Lautsprecher der Audioanlage stumm geschaltet, dann ertönt aus dem Lautsprecher auf jener Fahrzeugseite, mit der zuerst ein Verlassen der Fahrspur droht, ein Warnsignal für den Fahrer, das ihn auffordert, entsprechende Gegenmaßnahmen zu ergreifen.

Für die Entwickler blieb jedoch die zunächst passive Auslegung dieser Systeme nur eine halbe Lösung. Deshalb wurden die Spurhalteassistenten mit der weiter steigenden Leistungsfähigkeit von Steuerelektronik und Kameratechnik im vergangenen Jahrzehnt zu aktiv ins Fahrgeschehen eingreifenden Systemen weiterentwickelt. Ziel war es, den Fahrer eines Lastwagens oder Omnibusses nicht nur vor einem drohenden Unfall durch ein Verlassen der Fahrspur zu warnen, sondern ihn auch bei den zu ergreifenden Gegenmaßnahmen gezielt zu unterstützen.

Zur Serienreife entwickelt wurden dabei zwei unterschiedliche technische Systeme. Das eine bedient sich bei nicht erfolgender oder unzureichender Fahrerreaktion der zu-

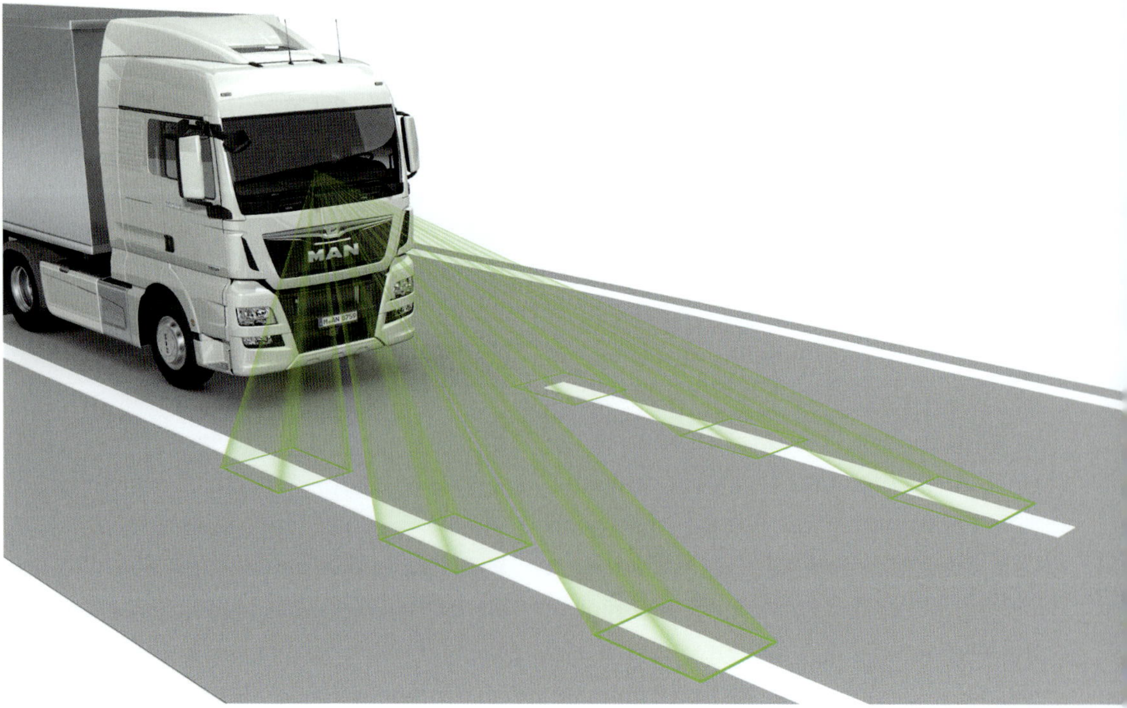

Spurhalteassistenten behalten als optische Systeme die Fahrbahnmarkierungen im Blick und lösen einen Signalton für den Fahrer aus, wenn das Fahrzeug droht, seine Spur zu verlassen, ohne dass ein Blinker gesetzt worden ist.

Wenn das Assistenzsystem aktiviert ist, wird der Fahrer darüber mithilfe einer Anzeige und/ oder einer Warnleuchte auf dem Instrumentendisplay informiert.

sätzlichen Funktion eines gezielten automatischen Lenkeingriffs, das andere eines ebenfalls gezielten leichten Bremseingriffs, der das Fahrzeug wieder in die Spur bringen soll. Beide Systeme wurden Mitte der 2010er-Jahre fertig entwickelt und getestet. Mittlerweile stehen sie, je nach Hersteller und Fahrzeugkategorie, zumeist als Bestandteil von Sicherheits-Ausstattungspaketen zur Verfügung.

6.6 Wankregelung

Ein weiteres sicherheitsrelevantes Assistenzsystem, das primär auf die Eigenschaften von Lastwagen zugeschnitten war und schon relativ früh, wenige Jahre nach der Jahrtausendwende, auf Wunsch geliefert werden konnte, war die aktive, d. h. selbsttätig agierende Dämpferkontrolle. Diese vor allem von deutschen Herstellern eingesetzte Technik lief bei Mercedes-Benz unter der Bezeichnung »Telligent Wankregelung«, während MAN ihr den Namen »Continuous Damping Control« (CDC) gab. Diese Systeme zielten darauf ab, bei Lkw der mittleren und schweren Gewichtsklasse mittels elektronischer Regelung die Luftfederung zu versteifen, um bedarfsgerecht und speziell bei voller Zuladung ein übermäßiges Wanken des Fahrzeugaufbaus zu verhindern. Dies resultierte in einer Reihe handfester Vorteile: Zum einen verbesserte sich das Kurvenverhalten des Lkw und zum anderen wurde die Ladung geschont, da sie geringeren Bewegungen des Aufbaus ausgesetzt war.

Im Entwicklungsstadium wurde die Wirksamkeit der »Telligent«-Wankregelung von Mercedes-Benz ausgiebig auf der hauseigenen Versuchsstrecke getestet. Die Szene zeigt, dass sich Fahrerhaus und Auflieger dieses Actros auf dem Wedelparcours kaum noch seitlich neigen.

Ebenfalls positiv wirkte sich die Wankregelung auf die Belastung der Straßenoberflächen aus, die weniger unter den einfedernden Massen des Lastwagens litten.

Um diese Wirkung zu erzielen, beschritten die Hersteller ähnliche, aber im Detail unterschiedliche technische Wege. Bei der Wankregelung von Mercedes-Benz stellte sich die Dämpfungshärte automatisch auf bestmögliche Fahrsicherheit und Schonung der Straßenoberfläche ein. Dabei erfassten Sensoren unter anderem die Vertikalbewegungen der Vorder- und Hinterachse, den Bremsdruck, die Beladung, die Bewegungen des Gaspedals und die aktuell gefahrene Geschwindigkeit. Die auf diese Weise ermittelten optimalen Einstellungswerte der Dämpfer leitete anschließend ein elektronisches Steuergerät an die mit einem elektrisch steuerbaren Ventil ausgerüsteten Stoßdämpfer weiter, die innerhalb von Millisekunden die Dämpfungscharakteristik entsprechend veränderten.

Das wenig später von MAN präsentierte CDC-System berechnete ebenfalls mittels verfeinerter Sensorik die jeweils erforderliche Dämpfungskraft der Stoßdämpfer je nach Belastung des Fahrzeugs und der Beschaffenheit der Straße, beim Bremsen oder Beschleunigen sowie bei Kurvenfahrten

Bei bestimmten Spezial-Lkw, zum Beispiel diesem Saug- und Hochdruckspülfahrzeug zur Kanalreinigung, ist durch den Aufbau ein besonders hoher Schwerpunkt gegeben. Das CDC-System von MAN kann für solche Fälle als Hochlast-Wankstabilisierung ausgelegt werden.

oder an Bergstrecken. Die ermittelten Daten wurden an ein Steuergerät – das Gehirn des Systems – weitergeleitet, das ein elektromagnetisch arbeitendes Proportionsventil regelte, das wiederum die Durchflussmenge des im Dämpfer fließenden Öls bestimmte. Lag am Ventil eine höhere Spannung an, wurde der Durchlass im Dämpfer verringert. Folge: Das Öl floss langsamer, die Dämpfung wurde straffer. Alle 25 Millisekunden berechnete und regulierte das System die Dämpfkraft und erfasste so permanent den aktuellen Fahrzustand.

Auch bei der CDC lieferten Höhen- und Drucksensoren am Fahrzeug die Daten für die Regelmechanismen. Hinzu kamen Informationen, die durch den CAN-Bus, die zu dieser Zeit bereits verbreitet in Nutzfahrzeugen verwendete elektronische Steuerungs-Architektur, gesammelt wurden. Dazu gehörten Daten zur Fahrgeschwindigkeit, Verzögerungs- und Beschleunigungssignale sowie Daten zur Querbeschleunigung, d. h. Kurvengeschwindigkeit und zur Radgeschwindigkeit. Die CDC passte dann die Grunddämpfung des Normalzustands millisekundengenau an die jeweils neuen Umstände an. Der Fahrer hatte zudem die Möglichkeit, die Grundeinstellung der Dämpfung mittels Kippschalter am Armaturenbrett in zwei Stufen zu variieren.

Zwischen Unterstützung und Entmündigung des Fahrpersonals – die anfängliche Skepsis gegenüber der Vielzahl inzwischen bereitstehender Fahrerassistenzsysteme im Lkw hat spürbar nachgelassen. Wie auch in anderen Bereichen, ist auch hier die Zeit ohnehin nicht mehr zurückzudrehen.

7. Variationen des Lastkraftwagens

Heute sind die Lastkraftwagen und ihre Komponenten auf einem derart hohen Entwicklungsstand, dass Varianten aller Art gebildet werden können, zum Beispiel mehrachsige Fahrgestelle für Baustellenkipper, Fahrmischer, Kranaufbauten, Kommunalfahrzeuge oder Zugmaschinen für schwerste Lasten. Dieses hohe Technikniveau ist nicht zuletzt der gesteigerten Leistungsfähigkeit von Motoren und Kraftübertragungen zu verdanken. Auch die Fahrgestelle haben eine technische Evolution hinter sich: Neben dreiachsigen wurden innerhalb neuer gesetzlicher Rahmenbedingungen solche mit vier, fünf und sogar sechs Achsen unter Verwendung serienmäßiger Komponenten gebaut. Dies ermöglichte eine höhere Tragfähigkeit und damit eine höhere Nutzlast sowie in der Folge neue Anwendungen in den verschiedensten Bereichen.

Die Spezies der Kommunalfahrzeuge, die Aufgaben wie Entsorgung, Straßenreinigung, Winterdienst und ähnliches erledigen, basieren im Allgemeinen auf Fahrgestellen aus der Serie und werden zumeist mit Spezialaufbauten versehen. Nebenantriebe mit Zapfwelle oder Hochdruckhydraulikpumpe lassen sich aus den Komponenten-Baukästen der Hersteller rekrutieren. Kleinere Fahrzeuge werden zumeist von speziellen Herstellern als komplette Spezialisten gebaut.

Im Schwerlastbereich fand in Lauf der Zeit teilweise ein Wechsel vom Schlepper-Anhänger-Prinzip zur Sattelzugmaschine mit Schwerlastanhängern in modularer Bauweise statt. Die vierachsige Zugmaschine bietet optimale Verhältnisse dank höherer Sattellast. Die früher üblichen Schwerlastzugmaschinen spezieller Bauart wurden – von Ausnahmen abgesehen – durch diese Entwicklung vom Markt verdrängt.

Im Folgenden einige Beispiele für die historische Entwicklung bestimmter Lkw-Gattungen.

7.1 Fahrzeuge für das Bauwesen

Grundsätzlich unterliegen Bau-Lkw anderen Anforderungen als jene Lastwagen, die im Verteiler- und Fernverkehr eingesetzt werden. Auf den Baustellen finden sich nicht

Ein Kipper der Renault Kerax-Baureihe bei Grenzbelastung.

immer ausreichend befestigte Wege. Die Belastungen beim Abkippen sind beträchtlich; die unter dem Kippaufbau angeordneten hydraulischen Pressen bilden eine sogenannte Punktbelastung, geringer sind die auftretenden Kräfte bei den Frontthebern, die vorne am Kippaufbau angreifen. Außerdem treten innerhalb einer Baustelle auch Überladungen auf, die vom ganzen Fahrwerk verkraftet werden müssen. Aus diesem Grund werden oft Blattfedern den Luftfedern vorgezogen, unter Verzicht auf Fahrkomfort. Ein weiterer Aspekt ist die hohe Staubbelastung, die vor allem die Motoren betrifft und eine hoch liegende Luftansaugung und besonders wirksame Filter erfordert. Sand, Wasser und Schlamm, auch der Winter, führen zu harten Belastungen und setzen dem ganzen Antriebsstrang mit seinen Dichtungen und den Reifen zu.

Anders als im Straßenverkehr wird mehr in niedrigen Gängen und mit mehr Power gefahren, wodurch auch das Kühlsystem extrem belastet wird. Das Überfahren von Bodenwellen stellt hohe Anforderungen an das Fahrwerk vierachsiger Fahrzeuge, da die Vorderachsen aus konstruktiven Gründen weniger große Auslenkungen und Federwege zulassen. Dreiachser sind hier deshalb häufig die bevorzugte Wahl. Bei besonders anspruchsvollen Einsatzprofilen mit Steigungen und schmierigem Boden wird der Antrieb aller Achsen oder bei Vier- und Fünfachsern wenigstens zusätzlich der einer Vorderachse notwendig.

7.1.1
Fahrmischer

Es sind rund 60 Jahre her, dass der erste Fahrmischer, im allgemeinen Sprachgebrauch auch Betonmischer genannt, ins Licht der Öffentlichkeit trat. Auf der Hannover Messe 1958 war als Premiere ein zweiachsiges Lkw-Fahrgestell von Magirus-Deutz zu sehen, das die in Memmingen beheimatete Firma Stetter mit einer 3,5-m^3-Trommel ausgerüstet hatte. Bis heute ist Stetter als Systemerfinder der weltgrößte Hersteller von Fahrmischern.

Frischbeton ist ein außerordentlich empfindliches Produkt. Damit er seine Qualitäten voll ausspielen kann, müssen die einzelnen Bestandteile – Zement, Kies, Sand und Wasser sowie gegebenenfalls Zusatzmittel – sorgfältig dosiert und industriell gemischt werden. Im Anschluss erfolgt im Betonwerk oder im Labor eine Prüfung der Betongüte, damit nach der Verarbeitung keine bösen Überraschungen auftreten. Bis zur Erfindung des Fahrmischers musste entweder der Beton am Ort seiner Verwendung in einem entsprechenden Gerät gemischt werden

Die doppelte Vorderachse, über die auch dieser Mercedes-Benz Actros 3241 verfügt, gehört heute bereits in der kleinen Klasse ab 6 m³ Fassungsvermögen zur Standardausstattung von Fahrmischern.

Seltener Anblick: Fahrmischeraufbau auf einem Chassis der Renault C-Baureihe.

oder er wurde in frischer Form auf Lkw-Pritschen von A nach B transportiert. Beides waren unbefriedigende Lösungen, denn zum einen mussten alle für die Mischung notwendigen Materialien stets an der Baustelle vorgehalten werden, und zum anderen barg der ruhende Transport die große Gefahr einer Entmischung oder des vorzeitigen Abbindens und damit eines dramatischen Qualitätsverlusts des Frischbetons. Im Fahrmischer dagegen blieb der Beton ständig in Bewegung, und auch ein feiner dosiertes Entladen der dickflüssigen Masse wurde möglich.

Technisch entwickelten sich die Fahrmischer von Beginn an zügig weiter. Für die Frage des Mischtrommel-Antriebs etablierten sich bald zwei Lösungen. Die eine bediente sich des vorhandenen Lkw-Triebwerks, das wiederum eine Hydraulik in Bewegung setzte, während die andere einen getrennten Motor nutzte, der allerdings durch sein Eigengewicht die verfügbare Nutzlast des Basis-Lkw reduzierte. Mit Blick auf die beständig steigenden Anforderungen an die zu transportierenden Frischbeton-Mengen wurden auch die jeweiligen Mischaufsätze und damit die Lkw selbst größer. Aus den Zweiachsern der Anfangszeit wurden je nach Einsatzprofil schnell Dreiachser mit einem Trommel-Fassungsvermögen von 6 bis 7 m³, dann Vier- und schließlich vereinzelt Fünfachser mit bis zu 12 m³ Trommelkapazität. Für ganz große Lasten stehen heute auch Sattelzugmaschinen bereit, deren Mischauflieger bis zu 15 m³ Frischbeton aufnehmen können.

Vor allem wegen der erschwerten topografischen Bedingungen kommen in der Schweiz häufig fünfachsige Fahrmischer wie dieser 450 PS/331 kW starke Scania der P-Baureihe zum Einsatz.

Die früher noch verfügbaren Fahrmischer mit integrierten Dosieranlagen sind inzwischen vom Markt verschwunden. Das theoretisch bestechende Konzept, alle Zutaten einer Betonmischung trocken aufzunehmen und erst am Verwendungsort durch Zufügung von Wasser zu mischen, litt in der Alltagspraxis darunter, dass die jeweiligen Mischrezepturen nicht verlässlich genug kontrolliert wurden. Den verbindlichen Normen entsprechender Frischbeton höchster Qualität darf heute nur noch fertig gemischt transportiert werden.

Den während der Fahrt immer nur in einer Richtung erfolgenden Mischvorgang optimieren innen an der Trommel angebrachte spiralförmige Schaufeln. Soll der Frischbeton entladen werden, wird die Drehrichtung umgekehrt und der Beton gelangt wie bei einer Förderschnecke automatisch nach außen. Am Bestimmungsort wird der Frischbeton entweder über eine am Fahrmischer vorhandene Rutsche oder über ein ebenfalls mitgeführtes zusammensteckbares Kunststoffrohr von rund 6 Metern Länge punktgenau ausgebracht. Eine ebenfalls im Fahrzeug vorhandene Fließmittelanlage sorgt durch die Beimengung eines speziellen Mittels dafür, dass die träge graue Masse nicht im Rohr steckenbleibt.

Für die Nutzung als Fahrmischer stellen die Lkw-Hersteller zumeist speziell konfigurierte Fahrgestelle bereit, denn die Drehung der Trommel während der Fahrt und die damit verbundene Umwälzung des schweren Frischbetons resultiert in einer ständig wechselnden Gewichtsverteilung. Um deren Auswirkungen zu minimieren, sind Fahrmischer-Chassis üblicherweise mit eigens abgestimmten Feder-/Dämpfer-Elementen ausgerüstet.

7.1.2 Muldenkipper

Schon in der Frühzeit des Lastwagens, also in der ersten Dekade des 20. Jahrhunderts, versah man die ersten, noch sehr hoch bauenden Fahrgestelle hinter dem Fahrerhaus mit einer zunächst mechanisch betätigten kippbaren Pritsche. Zwar hat sich an dieser prinzipiellen technischen Auslegung bis heute nichts Grundlegendes geändert, aber aus der einfachen Pritsche wurde – besonders seit Kriegsende – für den spezialisierten Einsatz zum Transport von losem Schüttgut die hydraulisch betätigte Kippmulde. Als fester Bestandteil des täglichen Straßenbilds erscheinen Kipper in unzähligen Versionen. Es gibt sie in allen Gewichtskategorien, als komplette Lkw mit Kipperaufbau, dazu in verschiedenen Achskonfigurationen, häufig auch als Sattelkippzüge, wenn besonders hohe Nutzlasten zu bewältigen sind. Extremformen sind zum Beispiel die Großmuldenkipper, die bei der

Seit den 1920er-Jahren tauchten erste echte Kipper mit stählerner Mulde auf, die zunächst in der Bauwirtschaft zum Einsatz kamen. Der Kippmechanismus selbst funktionierte noch komplett mechanisch. Eine hydraulische Betätigung war vorerst noch kein Thema.

Bis in die frühen 1970er-Jahre entsprachen die Kippaufbauten, wie hier an einem Mercedes-Benz LK 2220, noch häufig dem Vorkriegsmuster der Ladepritsche. Robuste Mulden für die anspruchsvolle Nutzung fanden erst nach und nach weite Verbreitung.

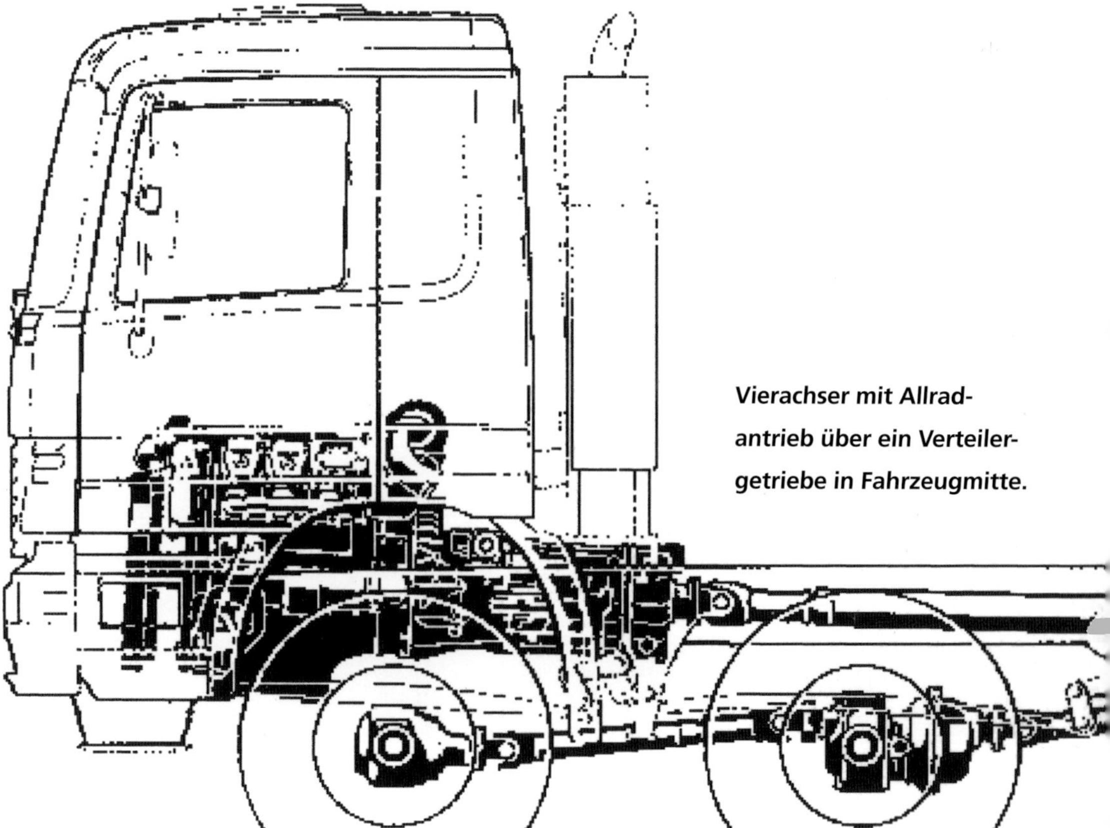

Vierachser mit Allradantrieb über ein Verteilergetriebe in Fahrzeugmitte.

Rohstoffgewinnung im Tagebau eingesetzt werden und pro Ladung fast 400 Tonnen Abraummaterial aufnehmen können, hier aber als eigene Spezialfahrzeuggattung nicht behandelt werden.

Die vom Fahrweg und den Kippvorgängen herrührenden Belastungen erfordern einen verstärkten Rahmen. Trommelbremsen werden wegen der geringeren Verschmutzungsgefahr teils an allen Rädern, teils nur an den Hinterrädern immer noch bevorzugt. Die Räder der Antriebsachsen werden nicht direkt, sondern bei den schweren Fahrzeugen in der Regel über ein Außenplanetengetriebe angetrieben. Die Übersetzung in der Hinterachse und den Außenplanetengetrieben wird insgesamt höher gewählt, um im schweren Baustellenbetrieb stets genug Zugkraft zur Verfügung zu haben, aber dennoch im Straßenverkehr wirtschaftlich und zügig fahren zu können.

Auch die Kraftübertragungen werden anders beansprucht als die Ausführungen für den Fernverkehr. Im Alltagseinsatz muss häufiger rangiert werden, oder es wird ein »Schaukeln« notwendig, um ein festgefahrenes Fahrzeug durch schnell aufeinanderfolgendes Schalten eines Vorwärts- und Rückwärtsgangs wieder flottzumachen. Bei teilautomatisierten Getrieben ist dies nicht ohne besondere Steuerfunktionen möglich; geübten Fahrern genügt allerdings das übliche Handschaltgetriebe. Drei- und Vierachser sind zumeist mit einer Tandemantriebsachse ausgestattet, was im Allgemeinen ausreicht. Sperrbare Differenziale verhindern das Durchdrehen einzelner Räder. Für höhere Ansprüche enthält einen Tandemaggregat zusätzlich ein sogenanntes Längsdifferenzial zum Drehzahlausgleich zwischen den beiden Antriebsachsen. Bei Allradantrieb ist ein Längsdifferenzial im Verteilergetriebe integriert. Für extrem schlechte Bedingungen sind dann alle Längs- und Querdifferenziale sperrbar. Um einen Achslastausgleich herzustellen, sind die Blattfedern pendelnd gelagert.

Bau-Lkw teilen sich in zwei Gruppen auf: In Fahrzeuge für Transporte auf der Straße und in Fahrzeuge für vorwiegenden Betrieb innerhalb großer Baustellen. Bei Ersteren

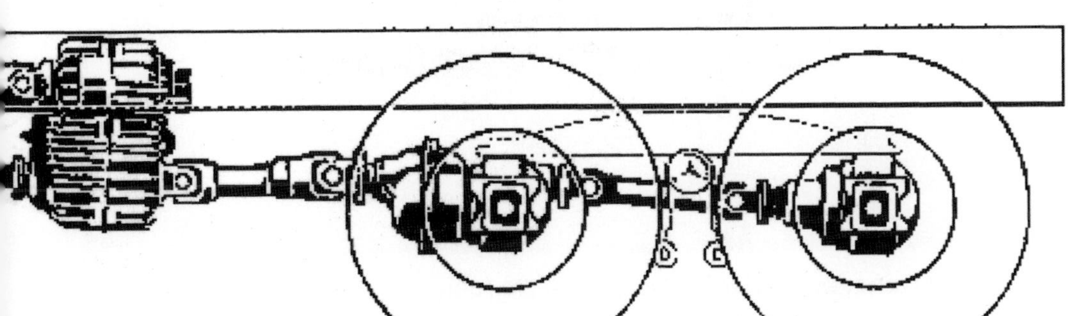

liegen die maximal zulässigen Gesamtgewichte bei 26 t für Dreiachser und 32 t für Vierachser. Letztere dürften ein erhöhtes Gesamtgewicht von 31 t für Dreiachser und 41 t für Vierachser aufweisen, sind auf öffentlichen Straßen aber nur in abgelasteter Form zum Verkehr zugelassen.

Die Kippaufsätze sind üblicherweise aus solide dimensionierten Stahlelementen zusammengeschweißt und zeigen unterschiedliche Formen. Neben Mulden mit halbrundem oder ovalem Querschnitt gibt es zunehmend auch eckig ausgeführte, die in der Breite so dimensioniert sind, dass im Bedarfsfall auch auf Paletten abgesetzte Festgüter transportiert werden können. Der damit entstehende Mehrfachnutzen kommt den Transportunternehmern als Fahrzeugbetreiber entgegen. Angesichts europaweit strenger Nutzlastvorschriften für Straßen-Lkw gerät bei Kippern auch der Aspekt der Gewichtseinsparung immer stärker in den Blickpunkt. Nicht zuletzt aus diesem Grund werden in einigen geeigneten Einsatzbereichen vermehrt Kippmulden eingesetzt, die aus Aluminiumblechen bestehen. Sie bieten aufgrund ihres deutlich geringeren Eigengewichts in puncto Nutzlast deutliche Vorteile. Dabei liegt die Her-

Muldenkipper mit Ladekran auf vierachsigem Volvo FM-Fahrgestell in 8 x 4/4-Ausführung mit lenkbarer Nachlaufachse.

Die Kombination aus Zugmaschine und mehrachsigem Sattelkipper kommt immer dann zum Einsatz, wenn die zu bewältigenden Transportaufgaben hohe Anforderungen an die Nutzlastkapazität stellen – zum Beispiel wie hier auf einer Großbaustelle.

stellung von Kippmulden aller Art samt deren Antrieb seit jeher in den Händen einer Vielzahl international tätiger Unternehmen. Zu den größten und renommiertesten gehören zum Beispiel Schmitz Cargobull, Kögel, Carnehl, Meiller und Fliegl aus Deutschland, Schwarzmüller aus Österreich und Wielton aus Polen.

Zu erwähnen bleibt noch, dass auch an die Reifen von Bau-Lkw höchste Anforderungen gestellt werden. Die Belastungen auf Baustellen dürfen nicht zu Schäden führen, die bei schneller Straßenfahrt die Verkehrssicherheit gefährden könnten.

7.1.3 Fünfachsige Fahrgestelle

Der Erfolg vierachsiger Fahrzeuge für das Bauwesen, der durch den Gewinn an Nutzlast und Transportvolumen bei nur geringem Mehrgewicht hervorgerufen wurde, begünstigte die Entwicklung fünfachsiger Fahrgestelle. Die Ausrüstung mit der fünften Achse wird dabei nicht herstellerseitig, sondern von einem Umrüster vorgenommen. Die Tandem-Hinterachse ist im Allgemeinen die Standardausführung, für schwierige Bodenverhältnisse wird auf Wunsch die erste Achse zusätzlich angetrieben. Ein Allradantrieb wäre zu aufwendig, zumal ein Fünfachser

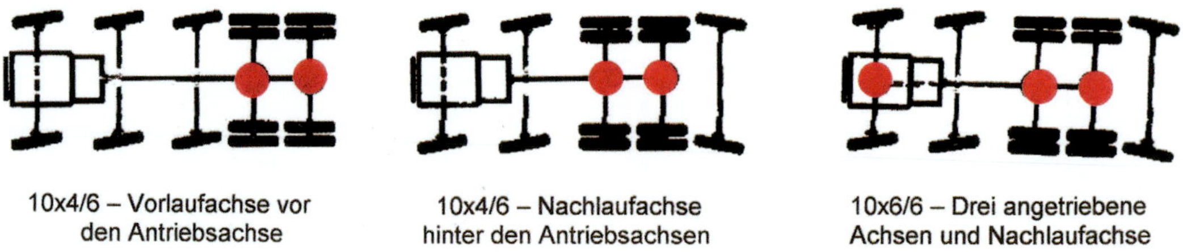

Übliche Achsvarianten und Antriebsformen fünfachsiger Fahrgestelle.

eher befestigte Wege benötigt als ein Drei- oder Vierachser. Die Motorleistungen gleichen denen der Vierachser, entscheidend für Fünfachs-Baufahrzeuge ist jedoch die Wahl eines geeigneten Getriebes mit optimaler Übersetzung in den Achsgetrieben.

Das technisch zulässige Gesamtgewicht beträgt 40 bis 51 t. Fahrgestelle mit kurzem Radstand mit einer Vorlaufachse eignen sich speziell für Kippmulden für Gestein oder schweren Boden und für Fahrmischer mit ihrem hohen Schwerpunkt. Der auf der rechten Seite abgebildete fünfachsige Actros wird durch seinen Aufbau, der allein 38 t wiegt, und die ausfahrbaren Stützen fast zum mobilen Geräteträger oder Arbeitsfahrzeug: der Skylift, der auf 90 m Höhe ausgefahren werden kann, ragt in Fahrstellung über das vordere Ende heraus, weshalb hier zwei Vorderachsen unabdingbar sind. Das hier realisierte Konzept mit der fünften Achse als gelenkter Nachlaufachse eignet sich besonders für ein solch langes Fahrzeug.

In der Schweiz sind Fünfachser mit 41 t Gesamtgewicht zugelassen; gebaut werden die Fahrzeuge im Allgemeinen mit technisch zulässigem Gesamtgewicht bis 51 t. In Deutschland ist für solche Fahrzeuge eine Zulassung zum Straßenverkehr nur mit Sondergenehmigung möglich.

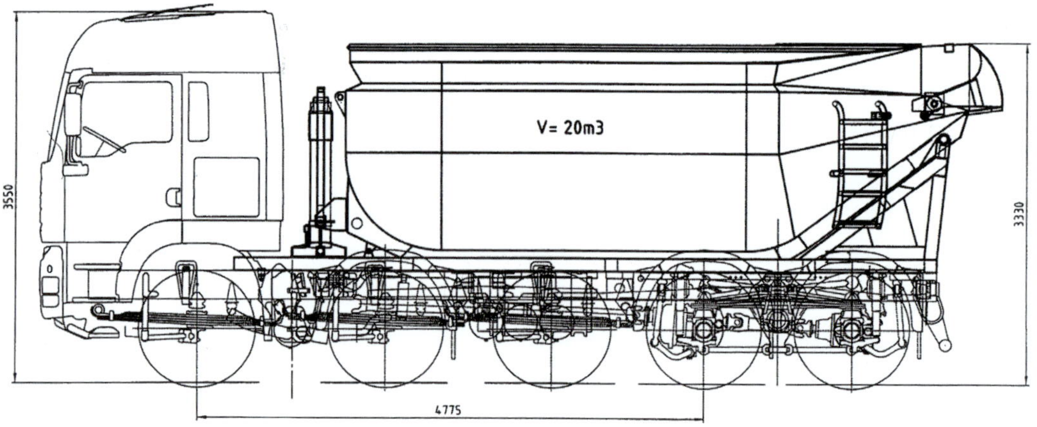

TGA-Kompaktfahrgestell 10 x 4/6 von MAN mit gelenkter Vorlaufachse und offener Kippmulde. Der Aufbau stammt von der Peter Winterthur AG:

Mercedes-Benz Actros in 10 x 4/6-Ausführung für aufgebauten Skylift-Teleskopkran. Die fünfte Achse ist eine lenkbare Nachlaufachse.

7.2 Schwerlast-Zugmaschinen

Ursprünglich waren Zugmaschinen für Schwerlasttransporte – etwa oberhalb 60 t Anhängelast – eine Domäne einiger Spezialhersteller, die eine Marktnische mit individuell nach Kundenwunsch gefertigten Produkten oder mit Kleinserien ausfüllen. Bekannte Namen der Vergangenheit sind hier aus Deutschland Faun und Kaelble. Die Entwicklung von Plattformanhängern in Modulbauweise mit fast unbegrenzter Kombinationsmöglichkeit stellte jedoch ganz neue Anforderungen an die Zugmaschinen. Aus wirtschaftlichen und verkehrstechnischen Gründen war es nun nicht mehr angebracht, je nach Zugkraftbedarf bis zu sechs Zugmaschinen ziehend und schiebend anzuspannen, sondern es wurden europaweit Einzelleistungen bis 800 PS/588 kW anvisiert.

Parallel dazu wurden die in Europa weithin favorisierten kombinierbaren Plattformanhänger im Rahmen der sich ausbreitenden Modulbauweise mit einem Schwanen-

Der Mercedes-Benz Supertruck Actros SLT ist vor allem für extreme Zugaufgaben konzipiert.

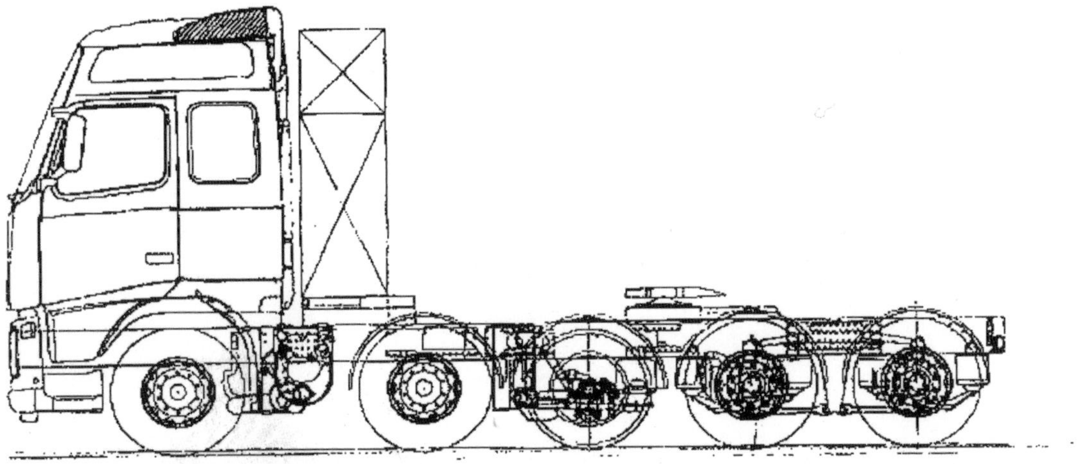

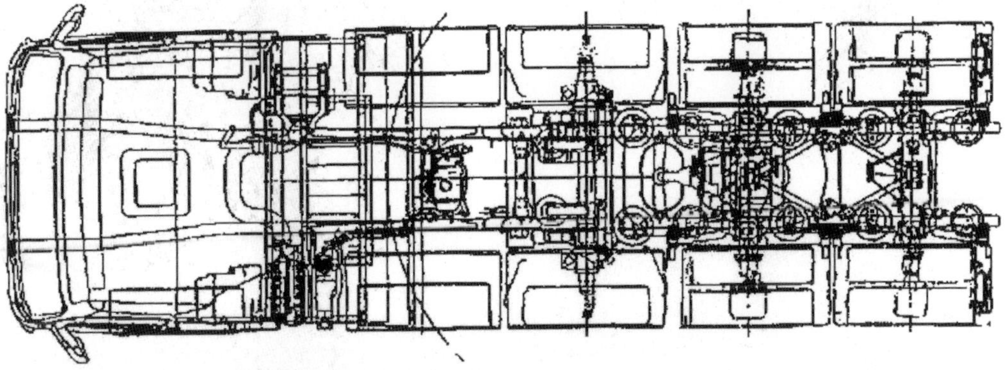

Volvo FH16-Zugmaschine in 10 x 4/6 Konfiguration mit 700 PS/515 kW und Zusatzkühler hinter dem Fahrerhaus. Die einfachbereifte Vorlaufachse (dritte Achse von vorn) ist lenk- und liftbar.

hals ausgestattet, sodass sie als Sattelauflieger fungieren konnten. Dadurch wurde die Ballastierung der Zugmaschine überflüssig. Allgemein beträgt das zulässige Zuggesamtgewicht heute 250 t, wobei im Einzelfall auch wesentlich höhere Gewichte möglich sind. Da sich die Motorleistungen der Lkw in den letzten fünfzig Jahren kontinuierlich erhöhten und außerdem schwere Fahrgestellvarianten für Baulaster entstanden, war es naheliegend, diese Technik auch für Schwerlast-Zugmaschinen zu nutzen.

Als Pionier unternahm es die Firma Titan aus dem südbadischen Appenweier Ende der 1970er-Jahre, serienmäßige dreiachsige Kipperfahrgestelle von Mercedes-Benz zu Schwerlast-Zugmaschinen umzubauen. Angetrieben von V12-Motoren aus dem Industriemotorenprogramm wurden drei-, vier- und fünfachsige Zugmaschinen mit Allradantrieb und spezieller Ausrüstung geschaffen. Dank ihrer Preiswürdigkeit und Seriennähe entsprachen sie den damaligen Anforderungen in vollem Umfang, und das Programm wurde Zug um Zug um zahlreiche individuelle Lösun-

Mercedes-Benz Actros SLT 8x4/4 mit 609 PS/448 kW im Anhängerbetrieb. Heute kaum noch anzutreffen: Auf der Pritsche wird Ballast mitgeführt.

gen erweitert. In der Folge entwickelten auch viele Nutzfahrzeughersteller selbst solche Zugmaschinen unter Rückgriff auf Serienkomponenten, in der Regel mit den Achsformeln 6x4 und 8x4. Für spezielle Anwendungen werden sogar fünfachsige Varianten als 10x4/4 angeboten, um die zulässige Sattellast zu erhöhen oder höhere Ballastgewichte zu ermöglichen.

Scania der R-Baureihe in 8x4/4 mit Schwanenhals-Tieflader und hydraulischem Belastungsausgleich zwischen Radfahrwerken und Schwanenhals.

Heute ist die vierachsige Zugmaschine mit zwei Antriebsachsen und gelenkter Vorlaufachse die gebräuchlichste Ausführung. In der Regel genügen dann zwei angetriebene Achsen, für erschwerten Betrieb kann auch eine der vorderen gelenkten Achsen zusätzlich angetrieben werden. Obwohl Masse und Volumen des Transportguts die Größe der Zugmaschinen samt Anhänger weit übertreffen, reichen die Antriebsleistungen der vom Serien-Lkw übernommenen Antriebsaggregate mit 500 PS/368 kW bis um die 700 PS/515 kW aus. Entscheidend sind das Drehmomentmaximum und der Drehmomentverlauf des Motors und die Wahl eines geeigneten Getriebes. Je schwerer die Achslast der Anhänger ausfällt, desto niedriger ist die zulässige Geschwindigkeit, im Extremfall bis herunter auf 3 km/h. Getriebe und Kühlanlage werden für Volllastbetrieb dementsprechend ausgelegt. Dabei kommt eine zusätzliche, hinter dem Fahrerhaus angeordnete Kühlergruppe für Motorkühlwasser, Motoröl und Getriebeöl zum Einsatz. Mercedes-Benz lässt die Schwerlastzugmaschinen mit normaler Lkw-Technik vom Band rollen und gibt sie anschließend an die Firma Titan Spezialfahrzeugbau nach Sulzbach/Murr zur Umrüstung auf Schwerlastbetrieb. Bei erschwerten Transportbedingungen, etwa durch Steigungen und schwierige Passagen, werden zwei oder mehr Zugmaschinen eingesetzt.

Um die Motorleistung bei Volllastbetrieb in niedrigen Gängen ausnutzen zu können, muss die Belastung der Antriebsachsen durch Ballastgewicht oder höhere Sattellast erhöht werden. Bei dreiachsigen Zugmaschinen kann mit Ausnahmegenehmigung das Gesamtgewicht im Schwerlastbetrieb von 26 auf 31 t erhöht werden, bei vierachsigen von 32 auf 41 t.

Für speziellere Einsatzprofile werden auch seltenere Antriebslösungen bei Schwerlast-Zugmaschinen realisiert. Ein Beispiel ist eine vierachsige Zugmaschine mit drei angetriebenen Achsen (8x6/4), die ebenfalls für 250 t Zuggesamtgewicht zugelassen ist.
Diese Variante eignet sich besonders für schnellere Transporte unterhalb der höchstzulässigen Last und kann auch mal eine Baustelle befahren. Die angetriebene Vorderachse sichert dabei die Lenkfähigkeit auf jedem Boden.

7.3 Kühllaster

Hauptsächlich für den Bereich des Lebensmitteltransports stellen Nutzfahrzeuge mit einem Kühlkofferaufbau das zentrale Element zur Aufrechterhaltung der Kühlkette zwischen Erzeuger und Handel dar. Während im Verteiler- und speziell im Güterfernverkehr zumeist Sattel- und Gliederzüge zum Transport temperaturgeführter Ware genutzt werden, kommen hierfür im innerstädtischen und Nahbereich häufig auch Leichttransporter zum Einsatz. Die großen Fahrzeuge sind dabei mit technisch aufwendigen Aufbauten und Ausrüstungen versehen, bei Transportern wird wegen ihres geringen Aktionsradius deutlich weniger Aufwand bei der Isolierung des Kühlaufbaus getrieben.

Ein Charakteristikum insbesondere von großen Kühl-Lkw ist die je nach Transportaufgabe individuelle Ausführung der Koffer-

MAN TGX 41.540 als Zugmaschine in 10 x 4/6-Auslegung mit einer Vor- und einer Nachlaufachse.

aufbauten. Es gibt hier kaum eine standardisierte Herstellungsart, sodass die Kühlkoffer zumeist exakt auf die Anforderungen der Transportunternehmer angepasst werden. So entstehen beispielsweise Aufbauten mit Doppelstockeinrichtungen oder solche, die durch seitliche Türen zugänglich sind. Die Kosten solcher individuell spezifizierten Aufbauten sind stets hoch, und es dauert entsprechend lange, bis sich eine solche Investition amortisiert hat. Den deutschen

Bereits Mitte der 1990er-Jahre wiesen Kühlauflieger, wie der abgebildete von Schmitz Cargobull, effizienzsteigernde Ausstattungsmerkmale auf. Gut zu erkennen sind die glattflächige Gestaltung des Aufbaus und die teilabgedeckten Räder des Aufliegers.

Der mittelschwere Volvo FL 280 mit Kühlaufbau wird im Verteilerverkehr eingesetzt. Für den Betrieb im stadtnahen Bereich kommt er ohne eine aerodynamisch gestaltete Verkleidung des Kühlaggregats aus. Der Laderaum ist durch eine praktische Seitentür zugänglich.

Markt für Kühlauflieger teilen sich derzeit fast vollständig die Anhängerhersteller Schmitz Cargobull und Krone.

Große Kühlkoffer zeichnen sich durch eine aufwendige Isolierung und den Einsatz eines speziellen Kühlaggregats aus. Die Beplankung des Aufbaus besteht im Regelfall aus GFK-Material und ist doppelwandig ausgeführt. Zwischen den beiden Wänden sorgt ein Isolierkern aus Polyurethanschaum für die Beibehaltung der Lufttemperatur im Laderaum. Zusätzliche Verstrebungen aus Holz oder Aluminium, die im Zwischenraum angebracht sind, verschaffen dem Aufbau die benötigte Stabilität. Allerdings reagiert diese Konstruktionsweise selbst im Fall kleinerer Rangierschäden empfindlich, was hohe Reparaturkosten nach sich ziehen kann.

Ein Problem, das der Einsatz von großen Kühl-Lkw für Transportunternehmer bereithält, ist die um rund 5 % reduzierte Nutzlast, bedingt durch das deutlich erhöhte Gewicht eines Isolieraufbaus. Auch bei den möglichen Ladevolumina sind Abstriche hinzunehmen: Zwar erlaubt der Gesetzgeber bei temperaturgeführten Aufbauten eine um 5 cm auf 260 cm erhöhte Maximalbreite, um genormte Europaletten und Gitterboxen aufnehmen zu können, doch wegen der unveränderten Vorschriften zur Fahrzeuggesamtlänge, finden in üblichen Kühlaufliegern nur 33 statt 34 Europaletten Platz.

Wesentliches äußeres Erkennungsmerkmal von Kühlfahrzeugen ist das zumeist oberhalb der Fahrerkabine angebrachte, dieselbetriebene Kühlaggregat, das für die gewünschte Temperatur im Laderaum sorgt. Es bezieht seine Energie bei größeren Verteiler- und Fernverkehrs-Lkw über einen separat angebrachten Kraftstofftank oder bei Gliederzügen direkt aus dem Fahrzeugtank. Um die Geräusch- und Abgasemissionen des Kühlaggregats zu reduzieren, wird es zum einen durch eine spezielle Kapselung gedämmt und zum anderen mit einer speziellen Abgasreinigungsanlage versehen. Da das Kühlaggregat auch arbeiten muss, wenn Lkw und Fahrer Pause haben, ist es zumeist mit einem zusätzlichen Drehstromanschluss ausgerüstet, der zumindest zeitweise auch einen leiseren und emissionsfreien vollelektrischen Betrieb erlaubt. Ebenfalls aus den an Bord vorhandenen Energiespeichern dürften die Kühlaggregate der künftigen E-Lkw gespeist werden.

In früheren Zeiten war es im mittelschweren Verteilerverkehr durchaus üblich, Kühl-Lkw auch ohne eigenes Kühlaggregat zu betreiben. Die Ladung im Kofferaufbau wurde dann elektrisch vorgekühlt, und es blieb der Isolation überlassen, die Temperatur im Laderaum bestmöglich zu halten. Entsprechend konnten solche Fahrzeuge nur im Nahbereich eingesetzt werden.

Die Königsklasse der schweren Kühlauflieger repräsentiert dieser von Schmitz Cargobull stammende Dreiachser mit aufwendigem Doppelstocksystem. Als Zugmaschine fungiert ein Mercedes-Benz Actros 1845 LS, dessen knapp 13 Liter großer Sechszylinder 449 PS/330 kW leistet.

7.4
Noch mehr Vielfalt

Die oben geschilderten Anwendungen sind natürlich nur ein kleiner Ausschnitt dessen, was für und mit einem Lkw möglich ist. Der Nutzen kann auch auf ganz anderen Ebenen als dem Transport von Gütern auf der Straße liegen. Häufig werden zum Beispiel bestimmte Komponenten aus dem Serien-Lkw von Spezialherstellern für den Bau individuell konfigurierter oder in Kleinserie hergestellter Sonderfahrzeuge eingesetzt, die für verschiedenste Zwecke gedacht sind. Im Folgenden einige Beispiele für die mögliche Ausführungsvielfalt.

7.4.1
Abschleppfahrzeuge

Mindestens seit den 1920er-Jahren, mit dem beginnenden Boom des Automobilismus, sind Abschleppfahrzeuge unentbehrlich. Dabei erforderte die stetig wachsende Vielfalt von Fahrzeuggattungen und Einsatzprofilen immer ausgefeiltere Transporttechniken. Auch kamen im Lauf der Jahrzehnte weitere Aufgaben wie aufwendige Fahrzeugbergungen oder die Entfernung von unzulässig abgestellten, den innerstädtischen Verkehr behindernden Fahrzeugen dazu.

Klassischerweise versteht man unter dem Begriff Abschleppfahrzeug bzw. Abschleppwagen Fahrzeuge, die liegengebliebene Pkw oder Lkw zum Beispiel mithilfe eines an Bord befindlichen Krans sowie einer Seilwinde, einer sogenannten Hubbrille oder einer Schleppstange an der Vorder- oder Hinterachse anheben und abtransportieren können. Dafür müssen die havarierten Fahrzeuge wenigstens zum Teil rollfähig sein. Zwar hat sich die Bezeichnung Abschleppwagen auch für die neuere Entwicklung der sogenannten Plateaufahrzeuge mit ihren abkipp- oder komplett absenkbaren Ladeplattformen eingebürgert, aber bei dieser Gattung handelt es sich eigentlich um Bergungsfahrzeuge, da sie auch nicht mehr rollfähige Fahrzeuge aufneh-

Dieser IVECO Daily kann als einfach ausgestattetes Plateaufahrzeug mit seiner abkippbaren Ladefläche nur defekte, aber rollfähige Pkw aufnehmen.

Wenn es um den Abtransport defekter Lkw und Omnibusse geht, sind schwere Bergefahrzeuge wie dieser MAN der TGX-Baureihe gefragt. Gerade wird die gewaltige Hubbrille ausgefahren.

men und abtransportieren können. Wenn Bergungsfahrzeuge zusätzlich mit einem Kran oder einer Hubbrille ausgerüstet sind – was heute häufig der Fall ist –, spricht man zumeist von Spezialbergungsfahrzeugen. Exakte Begriffstrennungen sind aber nicht einmal in der Branche selbst üblich.

Klassische Abschleppwagen mit Kranausleger, Seilwinde und Haken, wie Sie bis vor einigen Jahrzehnten teilweise noch zum Einsatz kamen, sind heute im Bereich des Pkw-Transports kaum mehr zu finden. Hier haben sich die Bergungsfahrzeuge auf breiter Front durchgesetzt. Auch wenn havarierte Fahrzeuge noch auf eigener Achse abgeschleppt werden sollen, geschieht dies inzwischen mithilfe einer Hubbrille, die wesentlich mehr Stabilität bietet. Ganz anders sieht dies im Fall verunglückter oder defekter Nutzfahrzeuge oder Omnibusse aus. Hier gibt es, je nach Größe und Gewicht des havarierten Fahrzeugs, klare rechtliche Vorschriften. Sobald – was häufig nötig ist – ein Schwerlast-Bergungsfahrzeug eingesetzt werden muss, darf dieses nur jeweils eine Zugmaschine oder einen Anhänger auf einer Hubbrille befördern. Ist ein kompletter Lastzug, bestehend aus Zugmaschine und Auflieger zu bergen, muss anstelle der Hubbrille eine massive Abschleppstange verwendet werden. Bei schweren Lkw- oder Omnibusunfällen und nicht mehr rollfähigen Fahrzeugen, wird im Allgemeinen die Hilfe von Autokränen benötigt, die die zu bergenden Havaristen auf große Tieflader heben.

Schwerer Abschlepp- und Bergungs-Lkw auf Basis des IVECO Trakker in 8x4-Ausführung.

Sämtliche Abschlepp- oder Bergefahrzeuge basieren auf Fahrzeugen serienmäßig hergestellter Lastwagen-Baureihen. Die Palette reicht vom einfachen Transporter bis hin zum vierachsigen Schwerlast-Lkw. Spezialisten versehen dann die jeweils mit Fahrerhaus versehenen Chassis mit den entsprechenden Aufbauten. Besonders im Schwerlastbereich sind diese je nach anvisiertem Einsatzprofil in aller Regel individuell zugeschnitten. Sie verfügen vielfach über massive Hydraulikkräne oder Unterfahrlifte, einen eigenen Stromgenerator, voluminöse Stauräume für weiteres Bergerüstzeug und für den Fall entfernt liegender Einsatzorte gelegentlich auch über Schlafkabinen für die Besatzung. Einer der bedeutendsten Hersteller solcher Bergeaufbauten ist die österreichische Firma Empl.

7.4.2 Flughafenfeuerwehrfahrzeuge

Strenggenommen handelt es sich bei Flughafenfeuerwehren um Betriebsfeuerwehren, die nicht nur für den Brandschutz auf dem Flugfeld, sondern auch für die Gebäude auf dem Flughafengelände sowie den Rettungsdienst zuständig sind. Das Personal rekrutiert sich aus Berufsfeuerwehrleuten, die gegebenenfalls von Mitgliedern der Freiwilligen Feuerwehr unterstützt werden. Dabei ist für Flughafenfeuerwehren wegen der seltenen Real-Einsätze ein schneller Rhythmus von Übungen charakteristisch.

In Abhängigkeit von der Größe des jeweiligen Flughafens und entsprechend den differenzierten Zuständigkeitsbereichen sind die Fuhrparks der Flughafenfeuerwehren unterschiedlich bestückt. Dazu gehören neben Fahrzeugen der Einsatzleitung und Rüstfahrzeugen zum Beispiel Gebäudelöschfahrzeuge, Großtanklöschfahrzeuge, ein mit verschiedenen Fahrzeugen ausgestatteter Gefahrstoffzug sowie mitunter einzelne Sonderfahrzeuge wie zum Beispiel Rettungstreppenfahrzeuge. Die Stars unter den Flughafenfeuerwehrfahrzeugen sind fraglos die Flugfeldlöschfahrzeuge, die je nach Airport und dem dort abgewickelten Verkehr unterschiedlich groß ausfallen.

Da diese Spezialfahrzeuge im Ernstfall so schnell wie möglich am Einsatzort eintreffen müssen, verfügen sie stets über hohe Motorleistungen. Die größten Vertreter dieser Spezies besitzen zwei Antriebsaggregate, die zusammen bis zu 1400 PS/1030 kW bereitstellen. Dies ermöglicht Höchstgeschwindigkeiten von rund 120 km/h, wobei neben der Besatzung von zwei bis drei Mann zusätzlich rund 18 t Wasser und 2 t Löschschaum mitgeführt werden. Die Maximalleistung der Löschpumpen liegt bei

Das MAN-Fahrgestell mit Allradantrieb 8x8 und vorderer Vierradlenkung erfüllt in Kombination mit einem Spezialaufbau und höchster Motorleistung alle auf Flughäfen gestellten Anforderungen.

Die ersten drei Generationen des 1999 präsentierten Ziegler Z8 Flugfeldlöschfahrzeugs waren jeweils mit einem 22 Liter großen MAN V12-Dieselmotor ausgerüstet, der 1000 PS/ 735 kWleistete. Seit 2011 kommen zwei V8-Triebwerke von Mercedes-Benz zum Einbau.

10.000 Liter pro Minute, die mit einem Druck von über 10 bar aus dem Löscharm schießen.

In der schwersten Klasse der Flugfeldlöschfahrzeuge, die ein zulässiges Gesamtgewicht von 52 t aufweisen, kommen ausschließlich Fahrgestelle mit der Achsformel 8x8 zum Einsatz. Sie verfügen also über vier Achsen und acht angetriebene, aus Gründen der Wendigkeit einzelbereifte Räder. Das garantiert ein sicheres Vorankommen auch abseits des betonierten Flugfelds. Kleinere Versionen sind in 4x4- oder 6 x 6-Ausführung erhältlich.

Weltweit führend in Konstruktion und Bau dieser Hightech-Fahrzeuge sind die Feuerwehrausstattungs-Spezialisten Ziegler aus Deutschland und Rosenbauer aus Österreich. Beide haben eine Palette unterschiedlich großer Modelle im Programm, die inzwischen auf allen Kontinenten im Einsatz sind. Die Spitze markiert bei Ziegler der Z8, der von zwei Mercedes-Benz V8-Dieselmotoren angetrieben wird und auf einem Chassis der Firma Titan Spezialfahrzeuge basiert. Bei Rosenbauer heißt das Topmodell Panther 8x8. Es verfügt über ein selbst konstruiertes Fahrgestell und ist mit zwei Volvo Reihensechszylindern der Baureihe D16 ausgestattet.

7.4.3
All-Terrain-Krane

Fahrzeugkrane, auch Mobil- oder Autokrane genannt, sind fahrbare Auslegerkrane, die mit Rädern oder einem Kettenfahrwerk ausgestattet sind. Unter diesen nehmen die sogenannten All-Terrain-Krane, kurz AT-Krane, eine Sonderstellung ein. Sie verbin-

Die Bodenlöschdüsen gehören zur Spezialausstattung dieses Ziegler Z8 am Münchner Flughafen. Mit deren Hilfe kann das Flugfeldlöschfahrzeug sogar über brennendes Kerosin fahren. Gut zu erkennen ist die Löschkanone über der Kabine.

Als klassischen AT-Kran der mittleren Leistungsklasse kann man diesen Vierachser von Liebherr betrachten. Mit seiner Bereifung und Allradantrieb ist er auch im Gelände mobil, obwohl er im Straßenbetrieb 85 km/h schafft. Seine maximale Tragkraft beträgt 70 t.

RTS
Autokrane
bis
800 t
www.ulferts.de

Mit voll angebautem und in Position gebrachtem Gittermastkran ist dieser auf einer Baustelle eingesetzte AT-Kran eine imposante Erscheinung. Die Vielzahl möglicher Auslegerkonfigurationen macht Gittermastkranen universell einsetzbar.

den in ihrer grundsätzlichen technischen Auslegung als Radfahrzeuge ein gewisses Maß an Geländegängigkeit mit relativ hoher Mobilität im öffentlichen Straßenverkehr. Diese Fähigkeiten machten AT-Krane nahezu universell einsetzbar, was sie inzwischen zur vorherrschenden Bauart unter den Fahrzeugkranen gemacht hat.

Gemäß ihrem anspruchsvollen Einsatzzweck sind große AT-Krane komplexe Sonderkonstruktionen und basieren nicht auf normalen, geländegängigen Straßen-Lkw. Die Fahrzeuge verfügen über bis zu zehn Achsen, die alle hydropneumatisch gefedert und für den Kranbetrieb hydraulisch blockierbar sind. Zumeist ist mehr als die Hälfte dieser Achsen angetrieben und lenkbar ausgeführt, wobei Vorder- und Hinterachsen getrennt voneinander gelenkt werden können. Das garantiert trotz der mitunter gewaltigen Fahrzeugdimensionen kleine Wenderadien und vereinfachtes Manövrieren auf engem Raum. Zur Grundausstattung gehört auch die voluminöse Einzelbereifung, die aufgrund ihres großen Durchmessers sowohl eine gute Kraftübertragung wie auch eine hohe Bodenfreiheit garantiert. Zudem sorgen sperrbare Längs- und Querdifferenziale im Zusammenwirken mit der hydropneumatischen Achsfederung für eine gute Traktion auch in schwierigem Gelände.

Den Fahrzeugantrieb eines AT-Krans übernimmt ein zumeist großvolumiger Dieselmotor, an den ein automatisches Getriebe gekoppelt ist. Die Kraftverteilung auf die Achsen erfolgt über ein Verteilergetriebe mit Geländestufe. Bei den größten Exemplaren muss hier eine Leistung von bis zu 680 PS/500 kW samt den entsprechenden Drehmomentwerten verarbeitet werden.

Der Fahrzeug- bzw. Unterwagenrahmen von AT-Kranen ist äußerst robust ausgelegt. Es handelt sich dabei üblicherweise um eine verwindungs- und biegesteife Kastenkonstruktion, in die Stütztunnel für die hydraulisch ausfahrbaren Abstützträger eingeschweißt sind. Im Oberwagen bildet die Drehbühne des Krans die tragende Schweißkonstruktion. Sie überträgt im Kranbetrieb große Kräfte aus dem Ausleger über den Drehkranz in den Fahrzeugrahmen. Am hinteren Ende der Drehbühne sind der Windenrahmen und die Ballastplatten untergebracht. Der Oberwagenrahmen nimmt auch das Fahrerhaus, die Hydraulik sowie einen zweiten Dieselmotor zum Antrieb der Hydraulikpumpen auf.

Alle AT-Krane sind mit einem Gittermastausleger, einem hydraulisch ausfahrbaren Teleskopausleger oder einer Kombination aus beiden Kranbauarten ausgerüstet. Damit können Arbeitshöhen von nahezu 200 Metern und Tragfähigkeiten bis zu 1200 t dargestellt werden. Sämtliche Kranfunktionen werden durch hydraulische Antriebe ausgeführt. Dabei schützt ein Lastmomentbegrenzer mit Blick auf die Kippgefahr sowie die Festigkeit von Bauteilen vor Überlasten.

Den weltweiten Markt für AT-Krane dominieren das deutsch-schweizerische Unternehmen Liebherr, die japanische Firma Tadano sowie die beiden US-Anbieter Terex und Grove. Unter diesen greift nur Liebherr auf selbstkonstruierte Antriebsmotoren zurück, während bei den anderen Dieseltriebwerke aus den Serienprogrammen von Mercedes-Benz und Cummins zum Einsatz kommen.

7.4.4 Zweiwegefahrzeuge

Gerade erblickten erste Frühformen des Omnibusses das Licht der Welt, da stellte die seinerzeit in Berlin ansässige Firma Siemens & Halske das revolutionäre Konzept eines Straßenbahn-Omnibusses vor, der sowohl auf der Straße wie auf der Schiene fahren konnte. Das 1898 auf die Räder gestellte Experimentalfahrzeug bestand aus einem ehemaligen Pferde-Omnibus, der mit einem vier Elektromotoren à 5,5 kW umfassenden Antrieb und einem Stromabnehmer für die Oberleitung ausgestattet worden war. Sobald Leit- und Kontaktradsatz abgesenkt waren, konnte das Fahrzeug auf Straßenbahnschienen fahren. Wurde das Leitradpaar angehoben und der Stromabnehmer eingeklappt, war der Omnibus straßentauglich. Ziel dieses intelligenten Konzepts für den öffentlichen Nahverkehr war es, mit dem selben Fahrzeug sowohl auf den Straßenbahnmagistralen unterwegs sein und zugleich Zubringerdienste für städtische Gegenden verrichten zu können, die über keinen Gleisanschluss verfügten.

Wenn die Ideen der Siemens-Ingenieure vor fast 120 Jahren auch allzu futuristisch waren und das Projekt trotz Probebetriebs letztlich eingestellt wurde, war es unbestreitbar, dass

Sieben Achsen qualifizieren diesen AT-Kran von Liebherr zu einem der Spitzenmodelle. Ausgestattet mit einem Teleskopausleger vermag der Kranaufbau eine Last von rund 400 t bis zu einer Maximalhöhe von 130 Metern zu heben.

Schienen-Straßen-Omnibus im Eisenbahnmuseum Bochum-Dahlhausen.

sich mit dem Aufkommen des Automobils ein steigender Bedarf an Zweiwegefahrzeugen einstellen würde. Allein schon mangels effizienter technischer Alternativlösungen waren die Einsatzschwerpunkte schon zu Beginn die Bereiche Oberleitungswartung und Schienenreinigung – der öffentliche Personennahverkehr gehörte in Deutschland bis auf die genannte Ausnahme nicht mehr dazu.

Erst in den frühen 1950er-Jahren nahm die damalige Deutsche Bundesbahn den Gedanken von Siemens & Halske wieder auf und realisierte einen sogenannten »Schienen-Straßen-Omnibus«, der auf verschiedenen Strecken in Niederbayern und der Oberpfalz zum Einsatz kam. Der mit allen eisenbahntechnisch notwendigen Einrichtungen ausgestattete Bus wurde von einem 120 PS/88 kW starken Dieselmotor von Klöckner-Humboldt-Deutz angetrieben und verkehrte schließlich in 15 Exemplaren bis in die zweite Hälfte der 1950er-Jahre hinein im täglichen Zweiwege-Linienbetrieb.

Zwar gehörten Zweiwegefahrzeuge stets zu den hochspezialisierten Sonderfahrzeugen, doch erforderten die im Lauf der Jahrzehnte immer komplexer werdenden Anforderungen eine ständige Weiterentwicklung der in ihrem grundsätzlichen Funktionsprinzip unveränderten Zweiwegetechnik. Fahrgestell und Antriebsstrang der Basisfahrzeuge bleiben dabei weitgehend unverändert. Heute unterteilt man die Gattung in Fahrzeuge, die sich mittels ihrer Straßenbereifung auch auf der Schiene fortbewegen, und solchen, die sich auf speziellen schienentauglichen Rädern mit Spurkranz bewegen.

Der Unimog gehört zu den am häufigsten für den Zweiwegebetrieb umgerüsteten Nutzfahrzeugen. Der abgebildete Geräteträger U 423 übernimmt Rangier- und Reparaturaufgaben bei den Wiener Linien.

Mercedes-Benz Actros 4x4 mit Zweiwegeausstattung, Heckladekran und Druckluft-Eisenbahnbremse.

Um den immer vielfältiger werdenden Einsatzprofilen der Anwender von Zweiwegefahrzeugen Rechnung zu tragen, hat sich in den letzten Jahrzehnten allein in Deutschland ein Kreis von Unternehmen auf den Bau individuell nach Kundenwunsch zugeschnittener Exemplare spezialisiert. Dabei ist das am häufigsten genutzte Basisfahrzeug der Unimog. Das umfangreiche Angebot an Zweiwegeumbauten reicht von bemannten und unbemannten Bahn-Rangiergeräten, die per Fernsteuerung bedient werden, über Arbeits- und Transportfahrzeuge, zum Beispiel aus den Bereichen Gleisbau, -pflege und -schweißung, Oberleitungsbau und -wartung oder einfacher Personen- und Gütertransport bis hin zu Fahrzeugen für den Brücken- und Tunnelbau, Kran- sowie Rettungs- und Bergungsfahrzeugen. Branchenführende Spezialisten sind in Deutschland die Firmen Zwiehoff, Hilton Kommunal sowie die Unternehmen der Zagro Group und der Goldschmidt Thermit Group.

7.4.5 Agrotrucks

Seit geraumer Zeit erledigen immer mehr Lohnunternehmer landwirtschaftliche Transportaufgaben. Da hierfür häufig längere Anfahrtswege zurückgelegt werden und aus Effizienzgründen gleich mehrere Kunden in der Region bedient werden müssen, kommen zum Beispiel beim Futtermittel- oder Düngertransport vermehrt speziell umgebaute Lkw als optimal geeignete Fahrzeuge zum Zuge.

Der Lastwagen hat gegenüber landwirtschaftlichen oder Multifunktionsfahrzeugen manche Vorzüge: Er ist schneller und hat damit einen erheblich größeren Aktionsradius, dazu ist er in Anschaffung und Unterhalt wirtschaftlicher, kann höhere Nutzlasten bewegen und bietet Fahrkomfort und -sicherheit auf dem inzwischen erreichten hohen Lkw-Niveau. Um eine Nutzung in der Landwirtschaft zu ermöglichen, muss ein Lkw jedoch bestimmte Fähigkeiten aufweisen, beispielsweise auf Anbauflächen fahren können, um etwa Erntegut laden oder auch unkomplizierte Arbeiten wie die Ausbringung von Dünger verrichten zu können. Bloßer Allradantrieb, wie er für eine Vielzahl von Lkw-Modellen auf Wunsch zu bekommen ist, reicht dafür nicht aus. Erst eine spezielle Umrüstung lässt aus Serien-Lkw sogenannte Agrotrucks entstehen.

Grundsätzlich kann jeder größere Lkw zum Agrotruck werden: Übliche Voraussetzungen sind Allradantrieb und eine solide Motorleistung. Im Mittelpunkt der Umrüstung stehen wesentlich größere und breitere Reifen, der Anbau landwirtschaftlicher Hängerkupplungen sowie zusätzlicher Hydraulik- und Druck-

Mit einer Kippmulde versehen, kann dieser MAN TGS in 8 x 8-Ausführung beim Ernteeinsatz nicht nur jede Menge Ladegut aufnehmen, sondern dieses auch ohne lästiges Umladen direkt und schnell zu weiter entfernt liegenden Bestimmungsorten transportieren.

Am Rahmenheck dieses Agrotrucks ist zusätzlich zur Sattelkupplung ein Anhängerbock montiert. Er umfasst eine Maulkupplung, eine Kugelkopfkupplung sowie je eine Lenkungskugel. Hinzu kommen Strom- und Hydraulikanschlüsse sowie die Rückfahrkamera.

luftanschlüsse am Heck sowie der Einbau einer leistungsstärkeren Hydraulik mit kupplungsunabhängiger, direkt am Motor positionierter Hydraulikpumpe. In Abhängigkeit von den anvisierten Einsatzprofilen wird ein Agrotruck auch noch mit verstärkten Achsen sowie landwirtschaftsspezifischen Komponenten wie einer hydraulisch betriebenen Zapfwelle oder Wechselsystemen für den Anbau verschiedener Zusatzgeräte ausgerüstet.

Die stets vorgenommene Umbereifung dient ausschließlich dem Ziel, den Bodendruck bei Ackerfahrten möglichst zu reduzieren und auf den oft nachgiebigen Untergründen bessere Traktion herzustellen. Die dafür erforderlichen, mit niedrigem Luftdruck versehenen und stark profilierten Reifen können an einen Lkw straßenzulassungsbedingt aber nur bis zu einer Breite von etwa 60 Zentimetern verwendet werden. Dennoch kann selbst ein allradgetriebener Agrotruck in puncto Traktion im Gelände nicht mit einem modernen Traktor mithalten: Auf Ackerböden mit Steigungen von 10 % und mehr kommt ein umgebauter Lkw selbst bei guten Untergrundverhältnissen nicht mehr weiter.

Im Wesentlichen haben derzeit MAN, Mercedes-Benz und mit Abstrichen DAF das Thema Agrotruck herstellerseitig im Blick. Da die Nachfrage nach entsprechend spezifizierten Lkw für diese Unternehmen noch zu niedrig ist, um eigene Angebote zu machen, kooperieren sie mit Umbauspezialisten und bieten Unterstützung auf technischer Seite. Als Basisfahrzeuge kommen bei MAN die Baureihen TGM und TGS in zwei-, drei und

Besonders üppig bereift, zieht diese zweiachsige MAN TGS 18.440 Sattelzugmaschine einen zweiachsigen Gülleauflieger. Speziell verbreiterte Kotflügel sorgen dafür, dass die Reifen nicht vorschriftswidrig überstehen.

vierachsiger Ausführung zum Einsatz, vornehmlich als Sattelzugmaschine, Kipper und auch Pritschenwagen. Mercedes-Benz nimmt dagegen eine Sonderstellung ein, da mit dem Unimog nicht nur bereits ein geländegängiger, extrem vielseitiger Lkw als Geräteträger, sondern mit der Baureihe Arocs auch ein auf besonders schwierige Bedingungen abgestimmtes und mit vielen Spezialaufbauten ausrüstbares Fahrzeug zur Verfügung steht.

7.4.6 Hochgeländegängige Schwer-Lkw

Zwar können sie auch normale Asphaltstraßen benutzen, aber zu Hause sind sie im anspruchsvollen Gelände. Was ihre Offroad-Fähigkeiten angeht, spielen sie in einer anderen Liga als zum Beispiel schwere vierachsige Bau-Kipper mit 8x8-Antrieb. Während solche Bau-Lkw ausschließlich gewerblich genutzt werden, ist dies bei hochgeländegängigen Schwer-Lkw nur ganz selten der Fall. Stattdessen werden sie überwiegend für militärische Zwecke eingesetzt, wo es häufig gilt, schweres Gerät verschiedenster Art auch in unwegsamem Gelände zu transportieren.

Besonders in den Ländern des ehemaligen Ostblocks wurden schon ab Ende der 1950er-Jahre Fahrzeug dieser Art, besonders als Zugmaschine, aber auch mit Pritschen- und diversen Spezialaufbauten, konstruiert und gebaut. Einer der federführenden

Nicht in erster Linie mit Blick auf die Armeen dieser Welt konzipiert, zeigt der hochgeländegängige Mercedes-Benz Zetros auch in zahlreichen zivilen Einsatzfeldern, was in ihm steckt. Die zunächst antiquiert wirkende Auslegung als Hauben-Lkw bringt hier zahlreiche handfeste Vorteile.

Berühmt für seine Offroad-Tauglichkeit trotz hohen Gewichts und nicht gerade kleiner Außenmaße wurde der ab 1967 gebaute Tatra 813. Nicht wenige Exemplare befinden sich heute in Privathand und werden mit Erfolg bei Truck-Trial-Wettbewerben eingesetzt.

Hersteller war – und ist – zum Beispiel der im weißrussischen Minsk ansässige Lkw- und Omnibusproduzent Minski Awtomobilny Zawod, kurz: MAZ. Auf Anweisung der zuständigen sowjetrussischen Stellen entwickelte die Firma mit dem Typ MAZ-535 einen schweren, hauptsächlich mit Pritschenaufbau versehenen, allradgetriebenen Vierachser in Frontlenker-Bauweise, der bei einem Leergewicht von 19 Tonnen eine Nutzlast von 7 und eine Anhängelast von 15 t bewältigte. Angetrieben wurde er von einem gewaltigen, fast 39 Liter großen Diesel-V12 mit 375 PS/276 kW. Der etwa ab 1960 in Serie gebaute Nachfolge-Typ MAZ-537 verfügte ebenfalls über dieses Antriebsaggregat, nun aber auf 525 PS/386 kW leistungsgesteigert, und konnte eine maximale Anhängelast von 65 t ziehen – ein Hinweis darauf, dass die Bedeutung dieses und ähnlicher Fahrzeuge des Warschauer Pakts insbesondere als Zugmaschinen während der 1960er-Jahre wuchs. Grund war vor allem die Absicht der Militärs, insbesondere atomare Mittelstreckenraketen auf hochmobilen Einheiten zu stationieren.

Charakteristisch für diese Fahrzeuge waren neben dem Allradantrieb große einzelbereifte Räder und eine Kraftübertragung per hydrodynamischem Getriebe. Gipfelpunkt dieser Entwicklung war der Typ MZKT 79221, der Mitte der 1990er-Jahre in Dienst gestellt wurde. Dabei handelte es sich um einen 800 PS/588 kW starken, allradgetriebenen Achtachser mit sechs Lenkachsen, der 81 t zuladen konnte und seine tödliche Fracht nicht zog, sondern direkt auf seinem Rücken transportierte. Wegen der extremen Gewichte war die Geländetauglichkeit dieses Fahrzeugs nicht mehr sehr ausgeprägt.

Auch in den damals noch tschechoslowakischen Tatra-Werken wurde mit dem 1967 eingeführten Vierachser-Typ 813 ein solcher, vornehmlich militärischen Zwecken vorbehaltener hochgeländegängiger Schwer-Lkw hergestellt. Zwar gab es im Lauf der Produktionszeit auch Zwei- und Dreiachser, im Mittelpunkt stand aber die Version mit 8 x 8-Antrieb, deren Offroad-Qualitäten außergewöhnlich waren. Den Antrieb des überwiegend mit Pritschenaufbau versehenen, knapp 12 t schweren Fahrzeugs übernahm ebenfalls ein Diesel-V12, der aus knapp 18 Litern Hubraum 270 PS/199 kW schöpfte. Damit konnte er eine Nutzlast von knapp 8 t tragen und Gewichte von bis zu 100 t ziehen.

Auch in Deutschland wurde mit dem MAN gl ein in die Kategorie hochgeländegängiger Lkw einzuordnendes Fahrzeug entwickelt, das in mehreren Generationen entstand und bis heute in der Bundeswehr, aber auch bei Hilfsorganisationen wie dem Technischen Hilfswerk zum Einsatz kommt. Ab 1976 wurde der gl in vier Nutzlastklassen von 5 bis 15 Tonnen und je nach Gewichtsklasse mit 4x4-, 6x6- und 8x8-Antrieb eingeführt. Der in Frontlenker-Bauweise ausgeführte Lkw diente als Pritschenfahrzeug vornehmlich dem Personen- und Materialtransport, wurde aber auch als Geräteträger eingesetzt. Den Antrieb übernahm viele Jah-

Insbesondere auch im Wagenpark des THW finden sich manche der eigentlich für militärische Einsätze konzipierten MAN gl in, wie hier zu sehen, 6x6-, aber auch in 4x4-Ausführung. Als Hilfs- und/oder Bergefahrzeug bringen sie hier ihre überragenden Fähigkeiten im Gelände zur Geltung.

re lang ein Diesel-V8 von Deutz, der verschiedene Leistungsstufen, bis maximal 360 PS/265 kW, durchlief und als Besonderheit hinter dem Fahrerhaus eingebaut war. Ähnlich wie beim Tatra 813 war für die hohe Geländetauglichkeit der gl-Baureihe die spezielle Fahrwerkstechnik mit einem verwindungssteifen Leiterrahmen und hochbeweglichen, an Lenkern geführten, schraubengefederten Achsen verantwortlich. Inzwischen gibt es Weiterentwicklungen der Fahrzeugbaureihe, die mit einem modernen, 400 PS/294 kW starken MAN-Sechszylinder-Diesel ausgerüstet sind und als 6x6- und 8x8-Version unter der Bezeichnung SX-Serie bei der Bundeswehr im Einsatz sind.

Fazit: Die Beispiele zeigen die ungeheure Wandlungsfähigkeit, die serienmäßige Lkw-Konzepte mit Serien-Dieselmotoren und -Getrieben dank der Mitwirkung zahlreicher Aufbauhersteller und Umrüster zu Spezialisten auf vielen Gebieten macht. So kann ein 500 PS/368 kW bis 600 PS/441 kW starker 40-t-Lastzug einfach mit einer durchschnittlichen Geschwindigkeit von 75 km/h auf Fernstrecken verkehren, oder ein gleich starker Kipper mit 41 t Gesamtgewicht auf Baustellen tätig werden, oder eine ebenfalls gleich starke Schwerlastzugmaschine Gesamtgewichte von 250 t mit verminderter Geschwindigkeit befördern.

Trucknology® RoadShow
DemoTruck 232
PALFINGER
MAN
M AN 9232

Die mögliche Variantenvielfalt in Kombination mit seiner Beweglichkeit macht den klassischen Lastkraftwagen auch weiterhin unersetzlich – egal, auf welche Antriebssysteme er künftig zurückgreifen mag. Einzig das stetig steigende Transportaufkommen könnte zum limitierenden Faktor werden.

8.

Anhänger und Lastzüge als Nutzenbringer

Der Anhänger entstand bald nach dem ersten Lastkraftwagen, um dessen Effektivität zu erhöhen. Das Leergewicht eines Lastkraftwagens der Frühzeit war höher als die Nutzlast, wodurch der einfach gebaute Anhänger der eigentliche »Nutzenbringer« war. Bis in die 1920er-Jahre verfügte der Anhänger über wenigstens eine handbetätigte Bremse, wobei der Bremser in einem unbequemen Bremserhäuschen saß und nach Gefühl verzögern musste. Die Einführung der Druckluftbremse, des Kugeldrehkranzes, des Luftreifens und der Schweißtechnik gegen Ende der 1920er-Jahre waren Voraussetzung für eine industrielle Fertigung moderner Anhänger. Zudem begünstigte die allmähliche Einführung des Dieselmotors ab 1923 den besonders wirtschaftlichen Betrieb von Lastzügen.

Mit steigender Motorleistung konnte bis 1939 das Leistungsgewicht der damaligen Lastzüge auf ca. 4 PS/3 kW pro Tonne verbessert werden. Das führte zu einer Höchstgeschwindigkeit der 35-t-Lastzüge auf den ersten Autobahnen von circa 50 km/h. Schon geringe Steigungen resultierten aber in einem starken Geschwindigkeitsverlust. Bei Anhängern stieg im Lauf der Zeit das Verhältnis von Nutzlast zu Eigengewicht trotz höherer dynamischer Belastung der Fahrgestellkonstruktion von ca. 2,5 auf ca. 3,5.

Die in den 1960er-Jahren begonnene moderne Entwicklung im Anhängerbau ist durch Innovationen im Ganzen und im Detail gekennzeichnet. So wurde die früher am Rahmen favorisierte Schweißtechnik weitgehend durch eine materialschonende Schraubtechnik abgelöst. Dies führte auch zur Realisierung einer Modulbauweise, bei der unterschiedliche Aufbauten oder Kundenwünsche einfacher berücksichtigt werden können. Auch bei Anhängern gilt, dass nutzlastoptimierte Technik die Voraussetzung für wirtschaftlichen Betrieb ist. Dennoch ist es bis jetzt nicht dazu gekommen, dass bei der Konstruktion von Anhängern Stahl in großem Stil durch Leichtmetall ersetzt worden wäre.

8.1 Glieder- oder Sattelzug?

Der klassische Gliederzug aus Motorwagen und Anhänger mit Deichseldrehgestell domi-

Fünfachsiger Gliederzug mit Wechselaufbauten.

nierte bis in die 1960er-Jahre im Fernverkehr. Dann drang der – in Europa zumeist fünfachsige – Sattelzug immer weiter vor, und im Fernverkehr kamen nun Auflieger, Sattelanhänger oder Trailer zum Einsatz. Einer der Gründe hierfür war, dass die durch Tragsattel und Königszapfen hergestellte Eingelenkverbindung zwischen Zugmaschine und Trailer eine höhere Längs- und Querstabilität des Zuges herbeiführt als die Zweigelenkverbindung eines Gliederzuges mit Deichseldrehgestell des Anhängers.

Dennoch haben zwei Arten von Gliederzügen weiterhin ihre Bedeutung behalten: Zum einen der Volumen-Gliederzug, dessen Anhänger mit einer Langdeichsel mit Tiefanlenkung am Motorwagen das Transportvolumen beträchtlich erhöht, und zum anderen der dreiachsige Lkw mit zweiachsigem Anhänger, der sich besonders zur Aufnahme genormter Wechselaufbauten eignet, da beide die gleiche Tragfähigkeit aufweisen.

8.1.1 Merkmale und Anwendung von Glieder- und Sattelzügen

Gliederzüge bestehen aus Motorwagen (Lkw) und Anhänger. Die früher übliche Kombination von zweiachsigem Lkw und dreiachsigem Anhänger wurde inzwischen weitgehend durch den fünfachsigen Sattelzug abgelöst. Haupteinsatzbereich der Gliederzüge war der Transport von spezifisch leichtem Volumengut und Wechselbehältern

Gliederzug mit sogenannten Containerfahrgestellen beim Rückwärts-Einparkmanöver.

Unterfahren eines abgestellten Wechselbehälters.

auf speziellen Fahrgestellen mit luftgefederten Achsen zum Absenken oder Anheben für den Wechselvorgang. Dabei erfordert das Unterfahren abgestützter Wechselbehälter oder das Einparken zwischen anderen abgestellten Fahrzeugen großes Geschick des Fahrers. Unterstützt wurde dieser beim Rangieren eines Gliederzugs mit üblichem Deichseldrehgestell durch Hilfsmittel wie das Truck Parking System oder der Rückfahrassistent mit Ultraschallsensoren an Front und Heck samt optischer und akustischer Anzeige im Fahrerhaus. Auch am Heck von Trailern können die Ultraschallsensoren das Andockmanöver an Rampen entsprechend erleichtern.

Sattelzüge fahren etwas wirtschaftlicher als Gliederzüge, da der Abstand zwischen Kabinenrückwand und Trailer kleiner ist als beim Gliederzug; durch Endklappen am Fahrerhaus kann die Wirbelbildung weiter verkleinert werden, was zu einem niedrigeren Luftwiderstand des Sattelzuges und in der Folge zu einer Minderung des Kraftstoffverbrauchs im Bereich von bis zu 5 % führt. Je nach Aufbau beträgt die Nutzlast ca. 25 t im 40-t-Zug.

Standardausführung für den Güterfernverkehr: Fünfachsiger Sattelzug mit 40 t Gesamtgewicht.

Das Auf- und Absatteln des Trailer geschieht heute per Knopfdruck.

Durch ein breites Angebot an offenen und geschlossenen Aufbauten wird bei den Trailern eine Spezialisierung auf bestimmte Transportgüter erreicht. Im Folgenden einige Beispiele aus der Vielfalt möglicher Ausführungen.

Beton-Innenlader werden angesichts ihrer riesigen Ladekapazität nicht nur im Sinne ihres eigentlichen Daseinszwecks genutzt. Auch schwere, unförmige und übergroße Stahlteile, können, wie dieses Bild zeigt, auf ihnen sicher transportiert werden.

8.1.1.1 Innenlader

Sogenannte Innenlader wurden speziell entwickelt, um den Transport großer Glasscheiben und Betonfertigteile mit einer Höhe von bis zu 3600 mm zu ermöglichen. Da diese Güter ausschließlich stehend transportiert werden können, würden sie auf Sattelaufliegern konventioneller Bauart die dort zulässige maximale Innenhöhe von 2950 mm überschreiten. Um dennoch die gewünschte, extrem niedrige Ladehöhe zu erreichen, musste ein Sattelauflieger mit besonderem, gabelförmigem Fahrgestell entwickelt werden. Um eine maximale Absenkung des Ladeplateaus zu ermöglichen, war es dabei erforderlich, statt der üblichen durchgehenden Achskonstruktionen, die sonst die Höhe des Plateaus definierten, eine besondere Form der – im Lkw- und Anhängerbau sonst nur sehr selten verwendeten – Einzelradaufhängung vorzusehen, die sogenannten Einzelradschwingen. Diese Schwingen, die samt Radkopf in einem seitlichen Gehäuse untergebracht werden, verfügen aus Platzgründen über keine Querlenker, wie sie von anderen Einzelradaufhängungen bekannt sind. Jede Einzelradschwinge besitzt stattdessen ein L-förmiges Profil, das im Winkel zwischen den beiden Auslegern des Gabelchassis gelagert wird. Oben stützt es sich an einem Hydraulikstempel oder einem Luftfederbalg ab, am anderen Ende ist ein Achsstummel aufgeschweißt, der den Radkopf trägt. Das Lager der Einzelradschwinge ist das am höchsten belastete Bauteil einer solchen Konstruktion, da es sämtliche Längs- und Querbewegungen der Aufhängung aufnehmen muss. Im Verschleißfall ändern sich die Fahreigenschaften eines Innenladers dramatisch.

Wegen der besonders hohen und sperrigen Lasten sind die Gabelchassis üblicherweise hydraulisch oder pneumatisch in der Höhe verstellbar, das heißt absenk- und anhebbar

Nicht weniger als insgesamt 55 Europaletten auf zwei Decks fassen Innenlader mit Kastenaufbau – ein Ladevolumen, das um über 60 % höher ist als das herkömmlicher Sattelauflieger. Den Be- bzw. Entladevorgang erleichtert ein auch als Heckportal fungierender Vertikallift.

Der zweite zentrale Einsatzbereich von Innenladern ist der Transport von Flachglas. Um das empfindliche Ladegut vor Wind und Wetter zu schützen, werden hierfür ausschließlich geschlossene Varianten herangezogen.

ausgeführt. Damit wird einerseits der Ladevorgang vereinfacht und andererseits die nötige Bodenfreiheit beim Befahren unebener Wegstrecken sichergestellt.

Die Einsatzbereiche von Innenladern sind sehr spezialisiert. Im Wesentlichen werden sie, wie schon angedeutet, für den Transport von Betonfertigteilen wie großformatige Träger oder Binder – horizontale Tragwerkselemente – sowie von Flachglas benötigt. Während die Betonteile in offenen Innenladern an ihr Ziel gebracht werden, kommt für den Glastransport die witterungsgeschützte geschlossene Variante zum Einsatz. Ebenfalls geschlossen ausgeführt ist der Doppelstock-Innenlader. Unter Verwendung eines nahezu identischen Fahrgestells ist er mit einem Kofferaufbau versehen, der eine Innenhöhe von ca. 3700 mm aufweist. Unterteilt durch einen Zwischenboden, entstehen damit zwei jeweils 1825 mm hohe Ladedecks, von denen das obere bei einer Maximallänge von 13.600 mm und einer Maximalbreite von 2450 mm beispielsweise 33 Europaletten aufnehmen kann. Im vorne durch den Schwanenhals zum Tragsattel und hinten durch die Radkästen in seiner Kapazität beschnittene Unterdeck können 22 Europaletten verstaut werden. Mit insgesamt 55 Europaletten liegt die Ladekapazität eines Doppelstock-Innenladers um rund 66 % höher als die eines konventionellen Sattelaufliegers. Bei einem Leergewicht von 10.500 kg stehen immerhin 21.500 kg Nutzlast zur Verfügung.

Die Einladehöhe des Unterdecks beträgt in Fahrstellung ca. 300 mm, die des Oberdecks ca. 2145 mm. Da die meisten Verladerampen an den Lagerhäusern eine Höhe von ca. 1300 mm aufweisen, sind Doppelstock-Innenlader zur Sicherstellung eines ebenerdigen Ladevorgangs mit einem Vertikallift ausgestattet, der zugleich das Heckportal des Aufliegers bildet. In vertikaler Position verschließt er das Heckportal, während er in horizontaler Stellung – gewissermaßen als Hubladebühne – sowohl auf das Niveau des Unterdecks, des Oberdecks wie auch der Laderampe eingestellt werden kann.

SCANIA
R500

Straff gespannt und flatterfrei präsentieren sich die seitlichen Schiebeverdecke bei Pritschen-Lkw, -anhängern oder -aufliegern. Der optische Eindruck gaukelt eine hohe Seitenstabilität für das Ladegut vor, die aber nicht wirklich existiert.

8.1.1.2 Curtainsider

Mit dem auf den ersten Blick un- oder auch missverständlichen deutschen Begriff »Gardinenzug« – auf Englisch werden die Fahrzeuge etwas schicker »Curtainsider« oder »Tautliner« genannt – bezeichnet man eine heute weit verbreitete Art von Sattelzug, an dessen Trailer ein sogenanntes »seitliches Schiebeverdeck« zum Einsatz kommt. Diese Aufbauart ohne feste Seitenwände wird auch bei Gliederzügen und Wechselbehältern verwendet. Dabei ist die Planenkonstruktion des »seitlichen Schiebeverdecks« mit eingebauten Gurtverstärkungen versehen, die der gesamten Struktur ein gewisses Maß an Stabilität verleihen. Der lichte Abstand zwischen den Planengurten beträgt etwa 60 cm. Zum einen wird jeder Planengurt mit einem Haken in eine Schiene am Fahrzeugboden eingehängt, zum anderen sind sie in einer in der Dachkonstruktion vorgesehenen Führungsschiene beweglich gelagert. So kann die gesamte Plane fast vollständig nach vorne oder hinten geschoben werden, was der Funktionalität einer herkömmlichen Gardine tatsächlich nahekommt.

An diesem abgekoppelten Sattelauflieger erkennt man gut, wie einfach man die oben und unten in Schienen geführten Seitenplanen öffnen kann. Zusätzliche Einstecklatten aus Aluminium sollen den feingliedrig wirkenden Aufbau stabilisieren.

Die für die Spannung zuständigen Gurte sind in einem Abstand von etwa 60 Zentimetern angebracht und sorgen für den akkuraten Sitz der Plane. In diesem Fall ist das komplette System abschließbar ausgeführt.

Wie bei normalen Planenverdecken muss auch diese Ausführung bestmöglich gegen Flattern gesichert werden. Dies geschieht mithilfe von Spannschlössern, die sich im unteren Bereich der Planengurte befinden und zwischen Boden und Dach leicht vorgespannt werden. Die Dachkonstruktion selbst wird durch die Stirnwand, die hintere Bordwand und durch seitliche Dachträger getragen. Zur weiteren Stabilisierung können in Letztere hölzerne oder metallene Einstecklatten eingehängt werden.

Die weite Verbreitung der Curtainsider ist auf die handfesten Vorteile zurückzuführen, die diese Konstruktionen mit sich bringen. Dazu gehören vor allem die Zeitersparnis beim Be- und Entladen und das geringere Gewicht solcher Aufbauten. Hinzu kommt, dass das klassische Auf- und Abplanen entfällt. Nachteilig ist, dass die optisch stabil wirkende Schiebeplane Transportunternehmer und Fahrer immer wieder dazu verlockt, die Ladungssicherung weniger ernst zu nehmen. Manchmal wird die Ladung nicht, wie eigentlich notwendig und vorgeschrieben, noch zusätzlich durch Haltegurte verzurrt. Generell gilt, dass die seitliche Laderaumbegrenzung lt. Gesetzgeber 30 % der Nutzlast halten können muss. Zwar ist das Kunststoffmaterial der Schiebeplane sehr widerstandsfähig, aber die verschiedenen Gestänge des Seiten- und Dachaufbaus können verrutschender, nicht zusätzlich verzurrter Ladung von erheblichem Gewicht kaum etwas entgegensetzen.

Ebenfalls kann sich problematisch auswirken, dass die konstruktive Grundstruktur mit Schiebevorhängen und zu öffnendem Schiebeverdeck insbesondere bei Trailern zu einer reduzierten Verwindungsfestigkeit des gesamten Aufbaus führt. Dies kann im Extremfall zu einer Instabilität führen, die die Fahrsicherheit beeinträchtigen kann. Auch Versteifungsmaßnahmen wie eine feste Dachplatte oder zusätzliche Diagonalverstrebungen aus Metallstangen o. Ä. bringen nicht die Widerstandsfähigkeit, die ein fester Aufbau bietet.

8.1.1.3 Schubboden-Trailer

Eine besonders intelligente Erfindung zur weiteren Effizienzsteigerung in der Transportlogistik machte vor wenigen Jahrzehnten die US-amerikanische Firma Keith Manufacturing, ein Spezialist für Fördertechnik. Mit der Entwicklung des »Walking Floor« – auf Deutsch Schubboden – wurde es möglich, in mit wenig Aufwand angepasste Sattelauflieger, aber auch Solofahrzeugaufbauten, eine besonders flexible und zeitsparende Technologie zur Ent- und Beladung von schwergewichtigem Stück- und zugleich Schüttgut zu installieren. Dabei besteht der Ladeboden eines mit dem Walking-Floor-System ausgestatteten Trailers oder Solo-Lkw aus beweglichen, hydraulisch angetriebenen, ineinander verzahnten Segmenten. Weil die Ausführung des Schubbodens nahezu fugenlos ist, kann eben nicht nur Stückgut geladen und transportiert werden, sondern auch – das ist der große Zusatzvorteil – Schüttgüter, die sonst in Kippern oder Sattelkippern befördert werden müssten.

Hier sind die als Ladeboden fungierenden, miteinander verzahnten Lamellen eines Walking-Floor-Systems gut zu erkennen. Das vom Lkw-Fahrer gesteuerte Vor- und Zurückfahren bestimmter Lamellenpakete befördert das Ladegut automatisch hinein oder hinaus.

Bei einer Schubbodenkonstruktion bewegen die hydraulisch angetriebenen Segmente das jeweilige Transportgut auf dem Ladeboden vom vorderen Ende nach hinten zum Entladen und umgekehrt beim Beladeprozess. In der üblichen Bauform verfügt ein Schubboden über jeweils drei Pakete nebeneinander angeordneter, miteinander verbundener Segmente. Diese teilen sich über den gesamten Ladeboden in Zonen auf, die durch hydraulische Zylinder angetrieben werden, mit deren Hilfe das Transportgut durch den Bediener des Lkw in die gewünschte Richtung dirigiert wird.

Der Entladevorgang beispielsweise bei einem Sattelauflieger läuft mit einem Schubboden wie folgt ab: Zunächst wird die erste Segment-Längsbahn unter der Ladung nach vorne, in Richtung Fahrerhaus, geschoben. Dann folgt die zweite Segment-Längsbahn, die ebenfalls unter der Ladung nach vorne geschoben wird. Schließlich fährt auch die dritte Längsbahn unter der Ladung nach vorne. Dann bewegen sich alle Segmentbahnen und mit ihr die Ladung – immer vom Bediener gesteuert – in die entgegengesetzte Richtung, also zur Ausladekante. Dieser Ablauf wird so lange wiederholt, bis die eigentliche Entladeposition erreicht ist. Dabei fährt jeweils nur ein Paket Segmentbahnen zurück in Richtung Fahrerhaus. Auf diese Weise wird das Gewicht bzw. die Reibung der Ladung voll auf die beiden im Ablauf zunächst stehengebliebenen Lamellenbahnen verteilt und die Ladung nicht wieder mit zurückgeschoben.

Simple Lösung: Ein aufrollbares Planenverdeck macht das Beladen eines Walking-Floor-Lkw oder -Sattelaufliegers mit Schüttgut zu einem zeit- und damit kostensparenden Kinderspiel.

Kleinteiliges Schüttgut wie solche Holz-Hackschnitzel befördert ein Schubboden mithilfe einer nach hinten fahrbaren vorderen Laderaumwand problemlos an die Abladestelle. Die hierfür eigentlich vorgesehenen und weniger Ladevolumen aufweisenden Kipp-Lkw werden dadurch überflüssig.

Um die volle Flexibilität des Schubboden-Konzepts auszunutzen, sind die entsprechenden Aufbauten auch mit nach hinten fahrbarer vorderer Laderaumwand und zu öffnendem Dach ausrüstbar. Dies macht auch das effiziente Be- und Entladen von kleinteiligem, losem Schüttgut möglich und verleiht dem Walking-Floor-Aufbau einen kostensparenden Mehrfachnutzen für eine Fülle unterschiedlichster Transporteinsätze mit nur einem Fahrzeug bzw. Auflieger. Der beschriebene Entladevorgang dauert bei einem Standardtrailer von 13,6 Metern Länge je nach Ladegut nur etwa 5 bis 15 Minuten. Dabei erfolgt das Bewegen des Ladeguts gleichmäßig und entsprechend schonend.

Weitere Vorteile des Schubboden-Systems sind, dass zum einen sämtliche geladenen Güter ohne Hilfsmittel wie beispielsweise Gabelstapler entladen werden und zum zweiten Beladevorgänge sowohl seitlich als auch durch das Heck des Solofahrzeugs oder Sattelaufliegers horizontal erfolgen können. Auch ist es Schubboden-Lkw möglich, das Entladen von Schüttgut direkt in Hallen mit geringer Deckenhöhe und auf weichen Untergründen durchzuführen, da die Ladefläche nicht gekippt werden muss. Als einzige größere Zusatztechnik muss der Solo-Lkw bzw. die Zugmaschine mit einer Hydraulikpumpe zum Antrieb des Walking-Floor-Ladebodens ausgestattet werden.

8.1.1.4 Tank-, Silo- und Kippanhänger

An diese Gattungen werden besondere Anforderungen gestellt. Durch die überwiegenden Einsatzgebiete im Regional- oder inländischen Fernverkehr wird zugunsten der Nutzlast großer Wert auf extremen Leichtbau gelegt, was auch für die Sattelzugmaschinen zutrifft. Die Aufbauten, in

Volumenoptimierter Siloauflieger für spezifisch leichtes Schüttgut. Die Zugmaschine entstammt der IVECO Stralis-Baureihe.

einigen Fällen sogar das Fahrgestell, werden häufig aus Leichtmetall gefertigt. Für Tankfahrzeuge, die brennbare Flüssigkeiten transportieren, gelten im Rahmen der Gefahrgutverordnung besondere Sicherheitsbestimmungen. Zum Beispiel ist für den Tank eine sogenannte »Bauchbinde« vorgeschrieben, um ein Platzen bei Unfällen zu verhindern. Eine niedrige Schwerpunktlage ist für Flüssigkeitstransporte wichtig, und durch Schwallbleche wird eine unkontrollierte Schwerpunktverlagerung bei Längs- oder Querbewegungen gebremst.

Bei Kippaufbauten bestehen nebeneinander die klassische Kastenform als Dreiseiten- oder Hinterkipper sowie die bekannte Mulde mit besonders hoher Stabilität. Für Kippaufbauten und das Fahrgestell – außer den Achsen – werden inzwischen auch vereinzelt Strukturen aus CFK angewendet, einem Carbonfaser-verstärkten Kunststoff. Die Gewichtsersparnis gegenüber einer Leichtmetallkonstruktionen beträgt bei einem dreiachsigen Kippsattelauflieger 1000 bis 1100 kg, die der Nutzlast zugutekommen und bei Leerfahrten Kraftstoff sparen.

Wie erwähnt ist auch eine Zugmaschine mit möglichst geringem Eigengewicht eine Voraussetzung für hohe Nutzlast. Durch ein kurzes Fahrerhaus, Kunststoff oder Aluminium für Kraftstofftank und Druckluftbehälter, eine Super-Single-bereifte Antriebsachse und die Beschränkung auf eine durchschnittliche Motorleistung wird das Gewicht gegenüber einer »normalen« Zugmaschine um 500 kg bis 600 kg vermindert. Ein derart gewichtsoptimierter Silozug ermöglicht bis zu 29 t Nutzlast.

8.2 Das Fahrwerk von Lastanhängern oder Trailern

Die Entwicklung führte im Lauf der Jahrzehnte von der steifen Blatt- über die flexiblere Parabel- zur geschmeidigen Luftfederung. Damit ergaben sich wichtige weitere Vorteile. Zum ersten eine lastunabhängige Aufbauhöhe ohne Einschränkung des Federwegs bei voller Beladung und zum zweiten eine Absenkmöglichkeit, die ein Unterfahren abgestützter Wechselbehälter sowie eine Anpassung an die jeweilige Rampenhöhe gestattete. Heute werden im fünfachsigen Sattelzug Tridemaggregate aus luftgefederten Einzelachsen miteinander kombiniert, wodurch Komplikationen durch einen mechanischen Achslastausgleich entfallen. Trotz gleichen Prinzips gibt es konstruktive und fertigungstechnisch bedingte Unterschiede zwischen den verschiedenen Herstellern.

Einzelradaufhängungen gehören auch im Anhängerbau zu den seltenen Konstruktionen. Zeitweise bot die Firma GIGANT-Achssysteme ein luftgefedertes Aggregat mit Doppelquerlenker-Aufhängung an, das sich am Markt aber nicht durchsetzen konnte. Auch die verschleißfreie Luftfederung und die Scheibenbremse gehören trotz aller

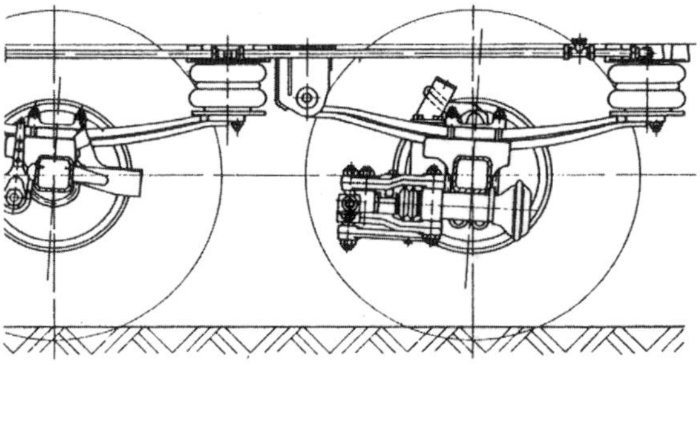

Klassisches Tridem-Achsaggregat von BPW Bergische Achsen mit lenkbar ausgeführter dritter Achse.

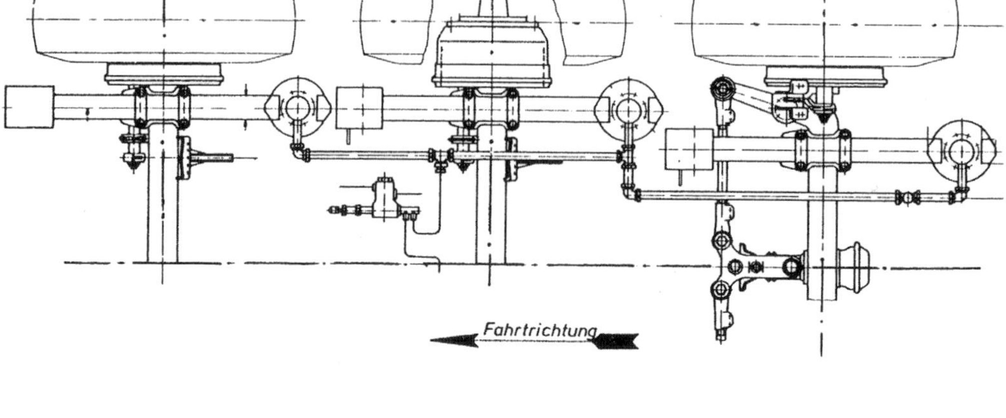

In Umformtechnik gefertigte Luftfeder-Trailerachse von Mercedes-Benz samt Stoßdämpfern und Scheibenbremsen.

Vorzüge bis heute nicht zur durchgängigen Standardausrüstung von Trailern. Für Plattform- und Tiefladeanhänger werden nach wie vor, teils ausschließlich, teils auf Wunsch, weiterhin die Blattfederung mit mechanischem Achslastausgleich und Trommelbremsen angeboten.

Dank Entwicklungsfortschritten in der Reifentechnik wurden die bei Aufliegern ehemals üblichen 19,5-Zoll-Felgen mit Zwillingsbereifung durch 22,5-Zoll-Felgen mit Einfachbereifung ersetzt, um durch einen vergrößerten Durchmesser der Bremsscheibe eine bessere Bremswirkung zu erzielen. Darüber hinaus ergibt sich durch die größeren Scheiben eine bessere Wärmeabfuhr sowie eine höhere Verschleißmarge.

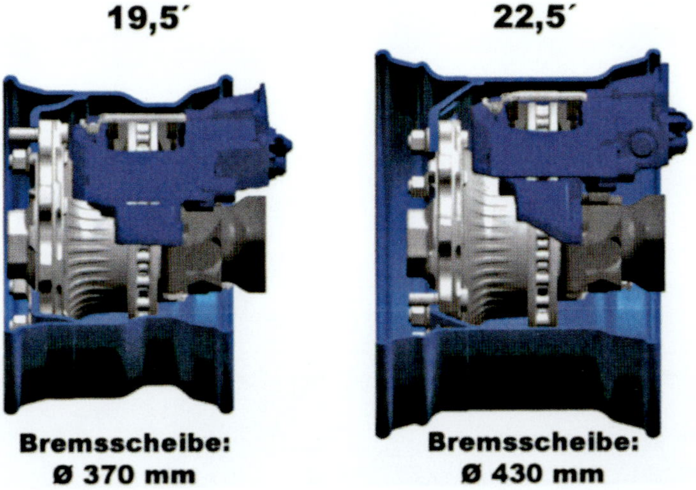

Vergleich von Felge und Bremsscheibe bei der 19,5-Zoll- und der 22,5-Zoll-Ausführung.

Auch Anhänger und vor allem Auflieger sind mittlerweile Teil der technischen Gesamtkonzeption moderner Zugmaschinen. Neuartige Bauformen und fortschrittliche Materialwahl machen sie zu wahren Effizienzwundern in Sachen Transportvolumina und Nutzlast.

SCANIA

MEHR INFOS FÜR TRUCK-FANS!

JEDEN MONAT GIBT ES DIE MAGAZINE FERNFAHRER UND LASTAUTO OMNIBUS MIT TESTS, TECHNIK, AKTUELLEN INFOS UND REPORTAGEN.

ALS HEFT ODER E-PAPER IM WEBSHOP ERHÄLTLICH!

IM ABO BESONDERS GÜNSTIG UND MIT WUNSCHPRÄMIE!

eurotransport.de
Der XXL-Shop!

Neben den Magazinen finden Sie hier Bücher, Truckmodelle und Merchandise-Artikel – ideal als Geschenk, auch für sich selbst!

DER KLASSIKER:
Michelin-Mann
mit Echtheitszertifikat in groß (ca. 40 cm) und klein.

TRUCK-MODELLE
der führenden Modellbau-Hersteller in den Maßstäben 1:87, 1:50, 1:25 & 1:18.

Jetzt bestellen: *shop.eurotransport.de*
Telefon: +49 (0) 711 72 52 266 · E-Mail: fernfahrer@zenit-presse.de